U0067895

品牌翻轉
數位再造

王福闓◆薄懷武◆
陳玥岑◆楊孟臻◆著

推薦序

讓愛心轉化為
實質支持，
品牌策略很重要

財團法人育成社會福利基金
常務董事　執行長

賴光蘭

育成社會福利基金會已經成立二十六周年，除了感謝社會各界的長期支持外，更要感謝王福闓老師對基金會品牌形象提昇所提供的輔導及改善意見，能夠為王老師寫推薦序，不只是我個人的榮幸，也代表育成基金會對王老師個人專業致予肯定與感謝！

基金會成立以來，秉持著「父母深情，永不放棄」的理念，照顧從輕度到重度，從零歲到終老，包括唐氏症、自閉症、腦性麻痺或併有智能障礙的多重障礙者，陪伴與支持心智障礙者人生的各個階段。我們主要提供早期療育、日間照顧、住宿、就業、終老照護等服務，希望他們都能獲得適當與妥善的安置。這真是一項很艱辛的工程，舉例來說，基金會努力保障身障者工作權益，提供完善的就業環境及相對應的工資，同時也建立家園安置無依的老憨兒，幫助他們渡過人生的難關，減輕家庭沉重的負擔。育成雖然有政府的部份補助，仍有數千萬的經費缺口，為此希望以品牌策略的方式推動，讓基金會形象得以提昇，社會大眾能了解基金會的努力，進而持續捐助公益善款。

談到品牌形象及數位化策略，這是基金會較無法掌握的一項功課，社福機構眾多，要提昇育成的知名度與支持度著實不容易，目前基金會在官方網站及臉書等社群媒體上持續貼文宣傳各項活動成果與募款計劃，透過這些資訊讓觀看者了解基金會致力推動的各項服務，但如果可以擁有更多數位策略來協助建立品牌形象，並打造一個完善的數位媒體溝通平台，對基金會而言絕對大有助益。

透過王老師的書，除了能了解到更多數位策略，也可以從中學習如何運用這些策略來幫助基金會提昇整體形象，並強化基金會的理念價值，期望更多人能看見育成基金會的努力，讓愛化為動力，幫助更多心智障礙者及社會角落的弱勢群體。

推薦序

品牌策略與行銷，不數位化就等死

匠心文創　創辦人／作家

貓眼娜娜

2020，是非常獨特的一年。這一年的全球疫情翻轉了我們對世界與經濟優勢產業的既定印象，也極度推動數位化的變革與發展。曾經，我在大陸出差時津津樂道的「免出門訂餐體驗」，一轉眼成為台灣現行最大規模的零工經濟、最普羅常見的日常需求。

同樣的，這一波疫情也顛覆了許多傳統產業的思維，赤裸裸的點出危機。最近認識了一位二代接班的「總鋪師」，五十年的辦桌經驗，被這肺炎疫情瞬間打掉近千萬的營收。緊張兮兮地問我：「怎麼辦？」我問他，是否有建立品牌、經營社群、做網站以及思考產品電商化呢？他搖搖頭，告訴我過去不是沒想過，但總覺得：「客人吃過好吃都會來拿名片，口耳相傳一通電話來，生意就做到了啊！哪裡需要『多費工夫』呢？」

好一個「多費工夫」啊！殊不知，這樣的心態，其實就已經錯失良機、決定成敗。但我相信這位總鋪師小開絕對不是唯一、也不是最後有這樣思維，並且陷入困擾之中的人。我們不得不承認，世界的改變比想像中更快，尤其前所未見的全球疫情，更是極盡粗暴的逼迫我們，走向一個嶄新的世界。

作為一個長年處於行銷工作的專業人士，我們有時最感到無奈的地方，並不是在行銷上的預算有限、力有未逮，而是企業主因為思維固化，而錯過最佳變革的時機，沒有做好因應準備；最後可能要花上更多的時間與經濟成本，去追逐本來可能可以獲得的收益成效。

因此，我格外感到這本《品牌翻轉與數位再造》的重要性！大約二十年前，台灣初識「品牌」概念；十年前，因為「網路社群」的發展，讓台灣的市場在品牌溝通與行銷對策上，有了更多元的刺激與思考。但是，以我的觀察，台灣的雲端數位經濟，其實才正要

開始！因此，在全球疫情的促進之下，正是一個逼迫我們去面對自己是否「雲端化」，而且「不改變就淘汰」的殘酷之戰。

那麼，解套的方案可能是什麼？或許，答案與成果因人而異，但不容否認《品牌翻轉與數位再造》這一本書，能提供許多思考與方向。拜讀本書初稿時，我就深深對其中精準的品牌觀念提點，以及數位行銷執行上的誤區，感到認同不已，也更加殷切期盼本書能突破低迷的市場現況，與眾多企業主與個人品牌經營者見面。

打造品牌從來不是一件容易的事情；在數位化的時代裡，是一個危機也是轉機，端看你是否能把握良機、開創先機。由衷感謝《中華品牌再造協會》的四位名師帶來這麼一本好書，我相信由他們深入淺出且毫不藏私的分享，一定能協助更多產業在這一個獨特的年代，走過瓶頸與危機，再創佳績、攀上高峰。

作者序

媒體科技
快速發展，
品牌翻轉
再造數位新價值

中華品牌再造協會　理事長

王福闓

「這是一個最壞的時機，也是充滿盼望的時機。」

還記得10餘年前，整合行銷傳播在台灣如火如荼的發展，不少企業有著充足的預算，多元的傳統行銷媒介、實體活動以及剛發展起來的自媒體平台，市場的前景似乎也充滿希望。但近幾年兩岸關係緊張、整體環境不景氣，甚至在2020年一開始就迎來了新冠肺炎疫情，許多品牌面臨了預算的緊縮，甚至生存的危機。

實體行銷活動的大幅度減少，造成了行銷傳播模式的洗牌，此時，自媒體應用對品牌來説更為重要。本書將從不同層面切入品牌的數位應用，以及對於新媒體、自媒體的看法和商機。在這劇烈變動的環境中，品牌和消費者之間不再只是購買與交易，更重要的是互惠與創造價值。

很高興這次能與中華品牌再造協會的夥伴一起寫作，除了分攤壓力外，更重要的是不同世代的觀點與專業融合。常常我們越是想傳達自己認同的聲音時，會忽略更多必須聆聽的訊息。

當然，妻子與父母依然是重要的支柱與知音，讓本書的呈現更完善美好。

風雨終將會過去，品牌應用新媒體、新科技來建立自己獨特性與價值的未來發展趨勢是不會停止的，好好經營有價值的自媒體並且真心地與消費者互動，才能不斷翻轉品牌，達到再造創新的目標。

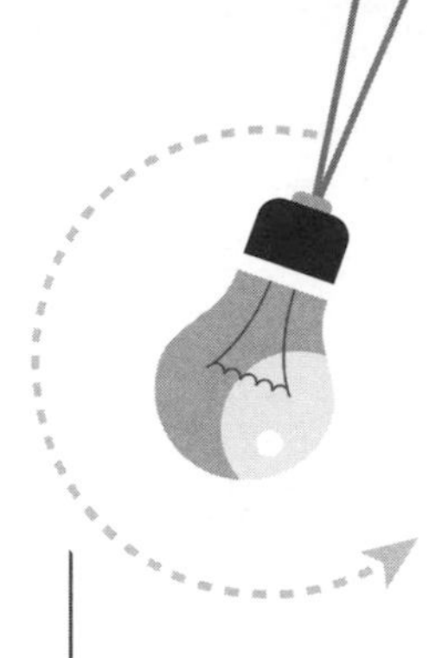

作者序

數位時代
消費者新期待，
品牌必然人格化

中華品牌再造協會　副理事長

薄懷武

站在筆者的角度，人格化是品牌之必然。品牌擬人的過程，正如每個人都會面臨的自我認同歷程，不斷進行 99.99% 的純金淬鍊，但永遠不會完全達成一致性，更別說，品牌還需面臨時間的考驗而調整參數。時代改變了消費者的期待——如一碗泡麵，從前被定位為省錢果腹的工具，如今可以是美食選擇與懷舊，由於消費者的期待轉換，品牌自然也需要進行調整，這就是品牌再造。

但是，時代的改變不只是因應人類的需求，還包括媒體對訊息認知的牽動。秉持媒體大師麥克魯漢（Marshall McLuhan）名言：「媒體即訊息。（The medium is the message.）」媒體的差異本身改變了訊息的意義傳送，如電視至上的大量均質傳送，與網路的訊息互動完全不同，故此，時代包含兩個層面的意義：一是價值利益需求的變遷，二是主要媒體的轉換。

以商業經營角度，當今最重要的媒體即為網路，和人類的大腦緊密擬仿，都包含了左腦和右腦——理性與感性。分別代表著價格資訊透明化的商城，以及在乎人際交流的社群媒體。商城負責營利、社群黏著關係。換句話說，品牌之所以人格化，是為了和消費者進行大腦認同上的對應。

進一步來說，美國作家、教育家、評論家尼爾 ・ 波茲曼（Neil Postman）曾將媒體時期分為：故事表達的口語傳播、印刷機代表的文字、電視機代表的圖像三個時期。以現在的社群發展來看，不但兼具口語傳播時期應有的故事，還須展現「有圖有真相」的圖像，因此，筆者斗膽提出了結合兩者的新時期論述：「口語圖影時期」。「口語圖影時期」將以故事為核心基礎，廣泛傳遞大家想要熟悉卻不甚了解的資訊，這就是品牌在網路中的右腦，操作得好，足以翻轉左腦的透明價格資訊，在如今激烈競爭、資訊爆炸的前提下，更能誘惑消費者。「品牌、故事、數位之間的關聯」，這就是筆者於本書中所提出的論述。

誠如所示，時代演化至今，朝向數位前行，每個線下品牌都面臨再造的命運，這不只是一家企業的問題，而是跟隨著大時代的翻轉，每個品牌都要面對的議題。

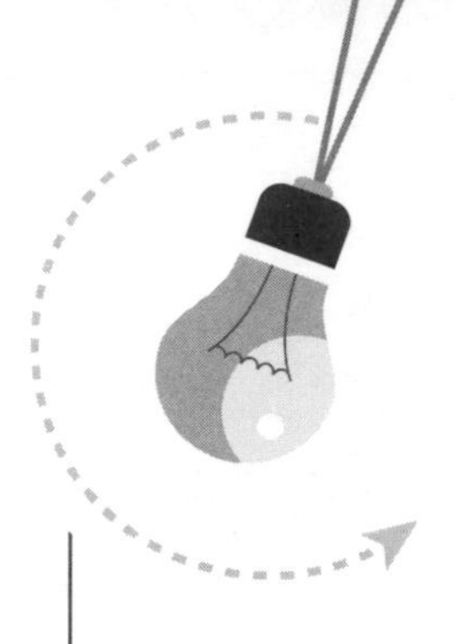

作者序

非營利組織
拓展影響力，
透過數位媒體
再造品牌新貌

中華品牌再造協會　秘書長

陳玥岑

一開始認識王福闓老師，是在過去任職的數位科技公司標案上，當時王福闓老師給予相當多的專業輔導建議，讓標案可以順利進行。我如今轉職到非營利組織，依然能與王福闓老師有所聯繫，並有幸能夠一同出書，真是相當幸運，也是給我自身對於「品牌」印象的一大躍進。

對於非營利組織而言，品牌再造是一條需要長期規劃的路途，非營利組織中普遍缺乏重要的專業行銷人員，只能仰賴沒有行銷背景卻又必須努力尋求曝光度的宣傳小組。從傳統的電視廣告到如今的數位媒體，非營利組織能夠掌握的管道相當狹隘，另外，非營利組織的品牌形象容易模糊不清，服務性質相同的情況下，小品牌非營利組織的存在感遠不如品牌形象清晰的大品牌非營利組織。

眼見這樣的困境，我想幫助目前任職的非營利組織能夠有所突破，不需要到非常知名，但起碼讓人一聽到「育成基金會」，就能聯想到服務的對象及服務內容。可惜自己仍屬基層，無法直接面對高層幹部，所以，我把所有的盼望及建議內容都寫到了書本之中。透過本書及王福闓老師、薄懷武老師的專業，希望讓非營利組織能夠重新思考品牌形象及品牌價值究竟要如何創造，當然也必須重新尋求數位媒體通路，讓非營利組織的品牌影響力能夠拓展開來，這樣才能與服務性質相同的其他組織有所區別，造就自身品牌的全新面貌。

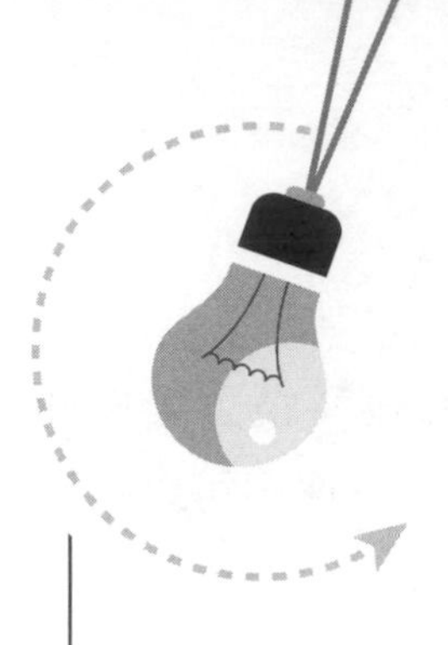

作者序

數位時代的觀察者這樣說：將變革化為養分

中華品牌再造協會　副理事長

楊孟臻

首先，要感謝三位共同作者，很謝謝王福闓理事長能給我這樣的機會，讓我在這個年紀也能驕傲地跟人説：「我寫過一本（1/5本）書喔！」這是一件我從來沒有想過的事情與經驗。

非常感謝薄懷武副理事長，在寫作的過程中不斷引導我、幫助我理清思緒、補全想法，讓我能夠圓滿表達自己的所知所能。還謝謝陳玥岑秘書長，在創作過程中給我鼓勵和陪伴，讓曾經不知所措的我，能夠完成這個對我來説的小小創舉。

我自知不是一個充滿學識的學者，也不是一個在業界打滾多年的專家，所以我把自己定位成一個外圍的觀察者。我沒有想去教導讀者什麼，只是希望把我的一些觀察結果、一些獨屬於我的視角傳達給大家，陪伴讀者一起分析、探討。也許我提出的論點能夠和大家的經驗擦撞出一個小火花，能讓讀者產生一些新的想法，那就太好了。

數位時代中的每一分鐘都在變革，我們沒有辦法悉心照料每個變化，但這些變化中也許有一些我們能攝取的養分，怎麼拿它來壯大自己，或是借助它的力量走一段路，這是我們要一直去思考和努力的。在這樣的背景下，我小小匯總了現階段的觀察和想法，用一個不屬於品牌也不屬於消費者的第三方角度，大概能提供一些不同以往的方向，願這樣的創作理念，能夠陪伴讀者們一起思考與進步。

CONTENTS

3 品牌傳播魔域

4 按部就班和顛覆傳統

數位環境
中的
品牌面貌
1

1.1

數位的世界裡，你的品牌有被好好記住嗎？

品牌傳播的競爭是條不歸路

很多品牌存在了數十年甚至上百年，經歷過的挑戰和難題當然少不了，但在近十年間對於各品牌的經營者最大的挑戰，就數位時代的來臨劇烈的改變了消費者對於行銷溝通訊息的接收方式。從過去的口耳相傳到經歷了大眾媒體的快速溝通，品牌從那些真心感到喜歡的消費者擴散到了因為有趣或創意的溝通方式而產生興趣的新市場中。又因為數位時代的無遠弗屆而讓品牌能更迅速而且容易的被人看見。而且更重要的是，其實許多經營者根本沒搞懂到底什麼是品牌，談的是組織品牌還是產品及服務品牌，以及真正要溝通的是品牌形而上的無形資產，而不是只談論把東西賣掉的問題。

但猶如在茫茫人海中尋找真愛一般，數位世界大量而且爆炸的資訊壓得閱聽眾接收不及而且無法吸收，品牌想透過數位的媒介平台跟消費者建立關係又談何容易？以手搖茶飲料品牌來說，根據財政部營利事業家數統計，108 年 6 月底飲料店數達 2 萬家以上，其中冰果店及冷（熱）飲店占 8 成共 1 萬 8,685 家，其次為咖啡館 3,403 家占 15.1%，其他為茶藝館 304 家及飲酒店 627 家，但當詢問消費者最有印象的是哪幾個品牌時，甚至念不出來超過 10 個。但光是主要的像是迷客夏、清心福全、日出茶太、老虎堂、五十嵐、COCO 等等品牌，但有的經營總公司的 Facebook，有的分店也有自己的粉專，並幾乎都有官網，甚至像是大苑子還有自己的 App。

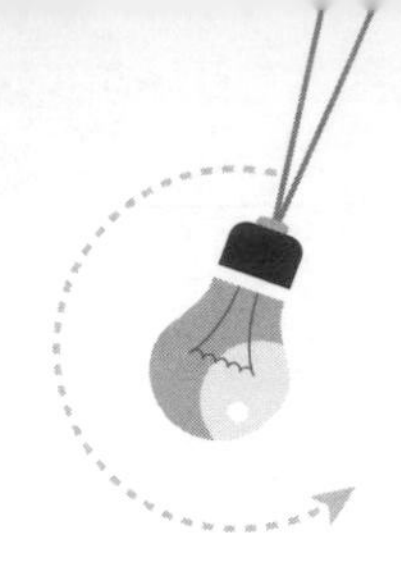

108 年 6 月底飲料店營利事業家數及銷售額統計資料

		家數總計
108 年 9 月	5631-11 冰果店、冷（熱）飲店	18,685
	5631-12 咖啡館	3,518
	5631-13 茶藝館	304
	5632-00 調理飲料攤販	687

資料來源：財政部營利事業家數統計

DailyView 網路溫度計手搖飲料網路口碑
分析期間：2019/09/22 ～ 2019/12/20

品牌	網路聲量	好評影響力
迷客夏	9,409 篇	8.89
清心福全	4,355 篇	8.27
日出茶太	3,631 篇	8.03
老虎堂	3,739 篇	7.51
五十嵐	5,981 篇	7.48

資料來源：https://dailyview.tw/Top100/Topic/35?volumn=0

消費者雖然常常可以在商圈夜市看到數家知名的連鎖品牌，但是也常常忘記這些品牌到底有什麼獨特的地方。然後回到家後點開社群媒體時，又可見到許多新興品牌，因為設定廣告投放對象的目標受眾 TA（Target Audience）與知名品牌相近，雖然消費者剛對這樣的品牌產生了點興趣，知名品牌的促銷訊息又立刻推播在 Facebook 的版面上，於是新品牌又很快的被遺忘了。數位環境雖然給了品牌更多機會與消費者面對面的接觸機會，但也是一場與速度、創意和資源拔河的戰爭，如何讓新的品牌能被消費者記住，可說是相當不容易的一件事。尤其是主要的知名品牌，長期累積了大量的網路聲量，就算之前曾發生一些負面訊息，若主要品牌形象沒有受到太大傷害，在好評影響力上還是有相當高的分數。

接觸點在數位環境變複雜

多數的經典品牌在實體世界中，因為存在時間較久且不論是公司行號還是店面，多半以前會有公司、廠房、店面、商品、甚至戶外招牌看板來吸引大眾目光。但在數位環境中，品牌只能先透過自己經營的自媒體，以及其他網路媒體的推薦資訊，來讓消費者判斷這個品牌值不值得相信或具有吸引力。這時不論是撰寫的文案內容、產品及空間的照片，以及推薦媒體的可信度增加消費者認識新品牌的可能性。在累積消費者的認知訊息時，關鍵在於接觸點的數量與內容品質。在王福闓著作《獲利的金鑰：品牌再造與創新》一書中，提出：「全面品牌接觸點管理」並將組織品牌與產品及服務品牌的主要接觸點分開表列，而中間重疊的則是同時會溝通兩者的接觸點。

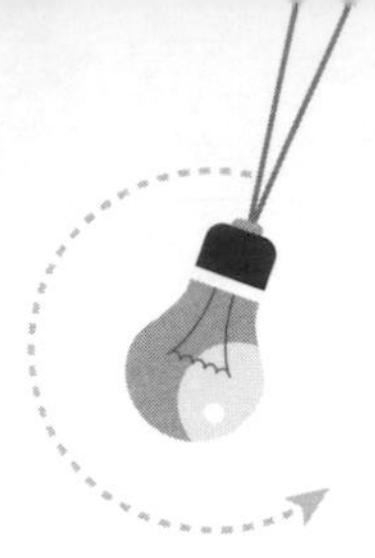

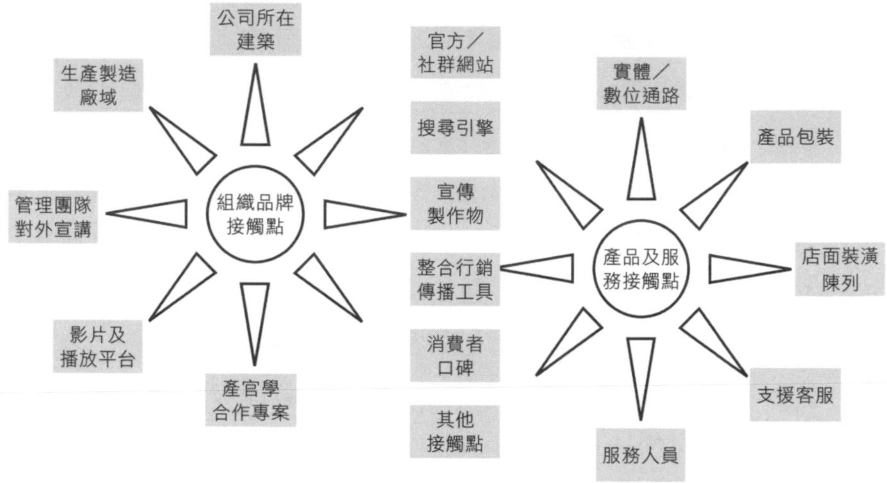

▲ 全面品牌接觸點管理

資料來源：王福闓《獲利的金鑰：品牌再造與創新》

從實體層面來看，品牌在規劃接觸點時多半是以「五感」作為基礎，像是具有設計感的店面、可以手作互動的觀光工廠到獨特的企業總部，好處是當消費者到了現場有了真實的接觸時，對品牌的認識與記憶也比較容易保留。而當品牌開始透過媒體傳播訊息，像是電視、報紙、雜誌等媒介時，消費者就會因為對於本來媒體內容的需求，因此直接或間接的接觸到品牌的內容。還有像是透過人與人之間的接觸，像是大賣場的試吃、銷售人員的解說、大老闆的演講，或是當產品碰到問題時的客服聯繫、社群上自媒體的廣告推播，都是與多元的品牌訊息接觸的機會。然而越多元的接觸點對消費者來說，也就越難對品牌產生完整的記憶，和建構整體的品牌形象，可是過少的接觸點就連被看見或記住的機會都沒有。

如何建立品牌在數位時代裡的新面貌，成了一件越來越困難的課題，不但要先找出過去消費者的認知及品牌記憶，還要將這些元素轉化後放入自媒體及其他數位溝通的內容當中。當消費者擴大成了社會當中的閱聽眾時，品牌本身更要釐清自己想做的是「大眾情人」還是「專屬愛人」。有些內容資訊確實在數位環境中比較容易溝通，像是感人的故事或是創新的網路用語，這時就要思考如何運用虛實整合的方式來連結，也不失去品牌的原有個性。

每項傳播都要先規劃想清楚

品牌網站規劃時要做的工作相當繁複，像是結構規劃、程式功能改善、關鍵字提煉，內部連結串聯以及內容撰寫。等到品牌網站建好後，營運時還必須思考 SEO 優化，外部連結建立以及持續的內容更新。像是網站中介紹的品牌理念、品牌故事，數位環境中的品牌微電影、社群上的創意貼文，都能更快速的讓消費者認識品牌想溝通的資訊，關鍵在於消費者的數位媒體使用習慣。

例如消費者在購車前其實對於有哪些可能的品牌都認識，像是中產階級常購買的 Toyota（和泰豐田）、Nissan（裕隆日產）、Honda（台灣本田）、Mitsubishi（中華汽車）及 Ford（福特六合）等等。以「2019 年台灣第三季 YouTube 最成功廣告影片排行榜」為例，第一名的影片是 TOYOTA TW 的《繭。初心》I 找回無懼初心，啟動生命無限可能，屬於品牌故事延伸的消費者類型微電影。觀看超過 640 萬次可以說是相當受歡迎，也讓對於基本產品條件差不多，在品牌認同上還在建立的品牌連結度上有一定幫助，但像是影片類的資訊就很少人會特別進入官網去觀看，但是在了解價格時就會優先搜尋品牌官網。

而第三名及第五名的也是汽車品牌MITSUBISHI，所以可見消費者其實對於汽車類的品牌微電影，其實也是蠻有興趣的。第一名除了在YouTube投放廣告外，同步還在Facebook的社群推播以及結合Line point的觀看誘因，縱然如此，仍有許多消費者是透過接觸這部影片卻仍無法了解品牌進行這樣的行銷溝通內容的原因，以及跟消費者自身的關聯。

2019年台灣第三季YouTube最成功廣告影片排行榜

排行	影片名稱	品牌	觀看次數
1	《繭。初心》I找回無懼初心，啟動生命無限可能	TOYOTA	6,416,024次
2	7-ELEVEN【哆啦A夢】神奇道具集點送	統一超商	1,521,396次
3	【Drive Your Ambition前進夢想家】吳秀玲——她的水下攝影夢	MITSUBISHI	9,679,462次
4	【全聯福利中心】2019全聯中元感恩月——桌菜篇	全聯實業股份有限公司	807,823次
5	201906 NEW COLT PLUS比給你看——尾門篇39秒	MITSUBISHI	2,545,141次

資料來源：王福闓整理製作

這時就算是領導企業，在強敵環伺的商場上也必須一直維持自己的曝光度與話語權，而且要是特定的產品及服務品牌也能仍然在市場上有著相當大的挑戰，那就更得靠母雞帶小雞的力量，持續品牌的溝通力道。最重要的是，在消費者購買商品前期就是一場品牌資訊累積的戰爭，尤其是產品本身的競爭條件其實大同小異時，誰能讓目標消費者多記得一點品牌印象，被選擇而完成購買的機會就高一點。

因此當品牌越來越倚賴在新媒體上的溝通時，就必須將想要達成的目標透過衡量指標來評估是否達成。尤其是在為了達成品牌在消費者心目中，能占有更重要的角色，以及能夠創造後續的銷售機會，在投入數位環境的溝通時，就要有一些準則作為進步與調整的依據。

品牌新媒體溝通目標與衡量指標對應表

目標	衡量指標
提升品牌知名度	品牌關鍵字的搜索量
獲得更優質的消費者訊息	銷售機會和客戶的轉化率
更有效地與消費者互動	後續內容的連結
提升品牌在消費者心中的地位	品牌認同與支持度

資料來源：王福闓整理製作

有的國際品牌則是希望能更完整溝通全球一致的整體品牌面貌，例如 Coca-Cola 可口可樂的 YouTube 頻道有 327 萬位訂閱

者，但不是單一國家或區域的消費者累積，而是全球的消費者都可能會對品牌的內容有興趣而訂閱，因為可口可樂是把世界各國有販售的國家區域所拍攝的廣告、操作的活動影片，都盡量放在一起，方便有興趣的閱聽眾可以觀看，當然也包含台灣。因為可口可樂是全球知名品牌，所以當品牌形象越一致，就越能讓品牌價值與效益成長到最大，另外也因為許多人都對這個品牌有一致的偏好，也就對特別感興趣的內容會花時間關注。像是「Coca-Cola | Vai no Gás（葡萄牙語，繼續加油）」這支影片 10 個月就有 1.2 億次的觀看次數。

但是在結合實體促銷推廣的數位行銷上，則採用的是更在地化的連結，像是近年來台灣消費者相當喜愛的氣炸鍋，及其他的料理餐廚具。並且利用包含像是 Facebook 的貼文引導活動參與，以及設計個人登錄等的活動機制，都能讓消費者更感受到受品牌的獨特

資料來源：https://www.youtube.com/watch?v=7oaBY4dUGFE

資料來源：可口可樂 Facebook

性。尤其是品牌客製化的贈品，也讓喜歡品牌的消費者更是有參與活動的意願。

用年輕人懂的語言溝通

消費者在數位環境的組成，也較以往有了劇烈的變化，尤其是近年來許多的 90 後、95 後進入了職場，也代表了更多具有消費能力的年輕消費者開始影響改變了市場的機制，而這群則是現在的數位使用者的原生世代。筆者就近 10 年來針對這 2 大族群的觀察中，比較有趣的「時尚觀」特別挑出幾個重點跟大家分享一下。

1. 「網紅風潮」：越來越多的年輕人，花更多的時間在追蹤觀看網紅的貼文、照片，也使得知名網紅的穿著、生活方式，都成了這兩個族群的重要參考依據。
2. 「重視話題」：90 後到 95 前，比較在乎身邊參考群體的討論議題或熱點，但 95 後的族群則更重視強烈娛樂性的議題，而話題的來源卻因為行動載具的高度使用而受限。
3. 「品牌疏離」：這兩個世代都對過去的經典品牌相對陌生，但對新興的創意品牌或是有進行 # 品牌再造年輕化的品牌，會有更高的敏感度，善用社群的品牌也較為吃香。
4. 「經典重塑」：相較於過去的階段性經典，90 後到 95 前，開始偏好更具有經典特色的古物、古風，而 95 後則對多數過去曾出現過的經典時尚都較為無感。
5. 「型顏值」：因為拍照美肌，以及受日韓風影響，不論旅遊、餐飲甚至穿著，更重視 # 看起來漂亮，以及對化妝保養品的使用提早開始。

6. 「喜新厭舊」：時尚的生命週期在 90 跟 95 後的族群中，存活的時間越來越短，不論是流行的髮型、穿著，甚至喜歡的餐廳、飲品，都必須一直更新。
7. 「早社會化」：因為教育環境的變化，從高中開始的服裝就有解禁，到了大學更因為提早進入工作場域，所以在價值觀與金錢觀都有提早社會化的現象。

常常時尚的背後代表的是消費者的風格與消費能力，而也可以發現 90 後的時尚受社群文化影響相當深，95 後則更偏多元，卻也感覺得到大量的同質性元素。或許社群、網紅、顏值這三大元素影響了 90、95 世代，但不論是品牌行銷還是產品 / 店面行銷，應該更多一點思考，是否只是為了跟風而去滿足新世代的偏好，卻忘了對新世代來說，失去自我風格和特色的品牌，也就更容易被喜新厭舊。

一般中小企業在數位行銷中的創意主要用在產品銷售的話術，以及數位傳播中，社群貼文和話題行銷的主題，但是許多品牌的數位行銷成功都是依靠對消費者深刻洞察獲得的創意發展起來。例如有的品牌很會用草根性強的語言，轉化成創意獲得消費者身分投射的認同而達到溝通效果。但不論是因為銀髮族大量使用 LINE 作為社群溝通工具、中年族群以 Facebook 作為生活與展演自己的社交空間，還是年輕族群在 Instagram、抖音上「秀」自己，品牌都必須面對自己該怎麼在數位環境中繼續「被認識」以及「喜歡下去」。

1.2

那些高人氣
粉絲專頁
該怎麼溝通？

人數迷思的時代該過去了

在社群行銷發展的過程中曾有一段「黑歷史」，有些公司為了快速累積粉絲人數，花了大錢聘請一些「水軍」，用買粉、買人頭的方式快速達到數十萬甚至百萬的按讚數。然而以前那些會特別在乎按讚數的時代已經逐漸過去。當消費者發現，常常你的粉絲專頁內容既無聊也沒有對他有幫助的訊息，甚至每次貼文的互動或回應都很低，那消費者雖然不一定會退讚，但也會越來越忽略這個品牌的訊息。雖然至今仍有少數品牌迷信這樣高粉絲按讚數的經營才是成功，卻忽略了在社群中真正的意義是在互動所建立的關係。

事實上當品牌在經營社群上越過度在乎數字績效時，帶來的風險也越大，尤其是為了維持貼文的熱度、影片的流量，甚至按讚人數的成長，太多跟品牌無關的訊息或是內容農場成了累積數量的基礎。但是要設計更符合社群上使用者的內容確實是相當高的成本和壓力。有時候也會有突然爆紅的貼文或是影片內容，但一個有系統、有規劃的品牌，在社群上更重視的是長期經營以及正面形象溝通的累積。以「台灣 2019 年 Facebook 排名前十粉絲專頁」來分析，有 5 個是屬於新聞媒體的數位轉型（東森新聞、ETtoday 新聞雲、噪咖均為同一集團），4 個是擁有高知名度的藝人，只有 Duncan 為圖文類的創作者。

若是以企業品牌來看，幾乎多為通路及電商類的品牌為主，像是 7-ELEVEN、全家 FamilyMart、全聯福利中心為實體通路，商店街個人賣場、lativ、momo 購物網、86 小舖及 Anden Hud（AH）則是網購品牌，另外則是星巴克咖啡同好會（Starbucks Coffee）與 MUJI 無印良品生活研究所也是消費者熟悉的品牌。有人會問，

台灣 2019 年 Facebook 排名前十粉絲專頁

粉專名稱	按讚人數
東森新聞	475 萬
ETtoday 新聞雲	461 萬
Yahoo! 奇摩新聞	394 萬
五月天 阿信	381 萬
周杰倫 Jay Chou	379 萬
王力宏 Wang Leehom	361 萬
蘋果新聞網	360 萬
噪咖	337 萬
范范 范瑋琪	322 萬
Duncan	318 萬

資料來源：Socialbakers，統計至 2019 年 12 月為止。

台灣 2019 年企業 Facebook 排名前十粉絲專頁

粉專名稱	按讚人數
7-ELEVEN	259 萬
商店街個人賣場	225 萬
星巴克咖啡同好會（Starbucks Coffee）	217 萬
全家 FamilyMart	159 萬
86 小舖	145 萬
lativ	139 萬
momo 購物網	137 萬
MUJI 無印良品生活研究所	126 萬
Anden Hud（AH）	124 萬
全聯福利中心	117 萬

資料來源：Socialbakers，統計至 2019 年 12 月為止。

為何像是 McDonald's 的粉絲專頁有 7,980 萬人按讚，這麼高的支持度為何沒有被計入，原因也是品牌將全球的粉絲數用累計的方式，再引導至各國區域的專頁。

誰都可能會有不同的意見

當品牌本身知名度就很高時，照理來說要是真正的支持者，尤其是忠誠消費者，應該有相當比例的社群粉絲，但當大部分的消費者都還只是停留在「需求 – 供給」的基礎行為上時。其實對於品牌在數位環境中的表現，多半還只是停留在觀望階段。當品牌在數位的環境中，不但要面對原本來自實體消費者的意見反映，當加上了網路購物、社群媒體以及不可知的酸民攻擊，都必須更謹慎的來因應。但是原來的消費者在實際體驗品牌的過程中，原本可能不會產生負面反應的情況下，為什麼在數位環境當中的社群溝通時反而產生了問題呢？原因還是要回到品牌不夠瞭解數位媒體的使用者組成。

不少品牌在經營數位媒體上碰到了一些蠻直接卻又難以處理的問題，最重要的是公眾的非理性行為大幅增加，不論是支持者或是反對者，社群環境讓同質性的族群能快速聚集，卻也增加了許多溝通難度。事實上，在 1984 年公關大師格魯尼（James GrunInstagram）於《公關管理》一書中所提出的公關四種模式，包含了新聞代理模式、公共資訊模式、雙向不對等模式及雙向對等模式。不但開啟了公關公司的營運新機會，卻也預言了現在公關公司的困境。因為說穿了，要是沒有創造議題能力和品牌意識的公關公司，最終在賣的還是「辦記者會」及「媒體聯繫」。筆者將品牌

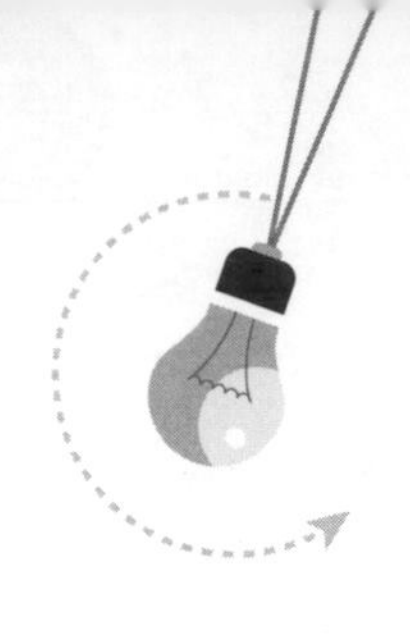

社群公眾

理性支持者

非理性支持者

理性不支持者

非理性不支持者

▲「社群公眾」四大類圖

資料來源：王福闓製作

在進行公關溝通時，常面對到的「社群公眾」概分為四大類，透過「理性」與「支持」這兩個面向來交叉分析，以下就針對不同類型來分別說明。

- 「理性支持者」：這群人在實體消費行為中，常常就是原來的購買者，或是對品牌有偏好但也會衡量與自身利益關聯性而產生的族群。通常會在社群中分享對品牌的使用心得，也會因為團購或是促銷活動而增加購買的誘因。像是因為產品功能購買，而且有自己做過比較分析的消費者。
- 「非理性支持者」：這群人在社群上又可稱為 O 粉，常常會因為對偏好的品牌有高度的投射現象，尤其是品牌針對的議題或是理念，更甚於實際產品的需求。有時候這群人會對品牌產生高度的護航行為，所以就算品牌發生危機，也會勇於表達支持。

- 「理性不支持者」：這群人有時會因為過去的產品使用或在品牌溝通時，有過不愉快的經驗，例如實物與照片不一致、讓人不舒服的購物空間，甚至是買到較貴的相同產品；因而在社群上常常會針對品牌的自媒體提出異議或是否定，例如對於特定產品成分或是議題持反面看法的社會大眾。
- 「非理性不支持者」：這群人相當高程度就是所謂酸民，對於不喜歡的品牌會有強烈而且攻擊性的言論。甚至雖然從來沒使用過品牌的產品卻會提出批評或是否定，也會因為社群而產生共鳴。

而在現今的社群環境中，雙向公關的溝通模式不但越來越容易達成，就算中小企業的品牌也可以讓自己找到合適的曝光機會。尤其是針對「理性支持者」及「理性不支持者」，品牌不但應該自己掌握這兩群人的意見、想法，提出問題解決方案，甚至主動透過社群來接觸溝通，也更能讓實體與數位的連結產生正面效益。另外品牌可更善用議題的引導及情感的誘發，結合外部媒體替品牌創造更多「非理性支持者」，也能持續協助監控「非理性不支持者」的行為，若是過度傷害品牌甚至觸犯法律，就要能有效而正確的幫助品牌澄清或是做出保護行動。

在資訊開放的時代沒有太多秘密

事實上許多過去品牌在經營時用的「資訊不對等」，讓消費者在當下購買時產生部分的認知錯誤，而多數人也難以求證是否真的如品牌所言。像是某老牌連鎖本土品牌，在包裝上號稱「100% 阿

拉比卡咖啡豆」，但卻被食品專業的媒體平台揪出，事實上是混和了不同品種的食品詐欺。在數位時代還沒有這麼發達的時候，危機資訊的傳遞不會擴散的這麼快，但當大家都在網路上可以看到新聞、查證甚至發表意見時，客訴的處理就必須更謹慎。而案例中這個咖啡品牌另外一項不可取的數位溝通方式，就是放任網軍跟消費者對立。或許一開始品牌不願意承認錯誤，直到東窗事發才勉強道歉，這是不少品牌都會犯的錯，但是讓放任網路上的打手跟消費者對立，就不是明智之舉了。

另外一個例子則是品牌操作的內容，不受閱聽眾的青睞而產生的負面效益。最不受喜歡的 YouTube 影片（List of most-disliked YouTube videos）的前 50 名，居然有 16 個也是播放次數最多的 YouTube 影片；但同時也有 11 個出現在最受喜歡的 YouTube 影片列表中。直到 2019 年 2 月為止，小賈斯汀（Justin Drew Bieber）有 4 個影片在排行中，成為擁有最多最不受喜歡的影片的人。而 YouTube 官方頻道也有 3 個影片位列其中，尤其是 YouTube 2018 年年度回顧（2018 YouTube Rewind），不少人認為內容不夠具有代表性以及重要代表人物未被列入是主要問題，以超過 1500 萬個不喜歡而正式成為影片分享平台上最不受喜歡的影片。

當然也有人會說，不是只有百萬粉絲團才會有人討厭，有的也不過才幾百人按讚的社群也可能很受人批評。確實只要品牌有一定的立場，或是經營的內容有一定的想法，就會有人喜歡或是不喜歡。但是在品牌社群經營的過程中，自己的立場確實不需要所有人都認同，但當品牌還想更進一步透過社群的力量讓更多的閱聽眾看到訊息時，有一個很大的關卡就是在於「自然觸及率」還是「下廣告」的差別。一般來說，自然觸及率約在 2% 左右，但是若能因為內容和品牌屬性讓這個數字提升到 5% 以上，就算相當不錯。

用分眾策略鞏固品牌信眾

例如筆者的其中一個興趣型 Facebook 粉絲專頁，名稱為「閻老編的懷舊小屋」，大約 1400 按讚，以自然觸及率 2% 計算是 28 人，但每逢比較有趣或是關注度高的議題，大約可以到 80 ～ 100 人就是自然觸及率 5 ～ 7%。坦白說這數字雖然算不錯，但若是一個市占率相當高的飲料品牌，同樣是 140 萬人讚的話，就得要有 8 ～ 10 萬人對單一貼文按讚。這可以說是在現在的 Facebook 社群操作極不可能的事情。像是筆者因為從不幫這個專頁下 Facebook 廣告，所以大概以品牌來說，在社群上的忠誠者與認同者大約就是如此，但是若百萬粉絲團另外透過下廣告的方式，增加觸及率及人數當然也是一種作法。只是回到一開始的問題：若你的百萬粉絲團裡面有一堆殭屍粉絲，那不論怎麼增加按讚數及觸及率都不會替品牌帶來更多幫助。

因此若只從理性與不理性支持者進一步來分類，可分為品牌擁護者、品牌忠誠者、品牌中立者、品牌關注者及品牌監督者。品牌擁護者通常在社群中擔任成立社團的團主或是主動與品牌互動的消費者，有時可能也是某一領域的意見領袖，通常對品牌的發展及理念都相當熟悉並且認同，也會常協助分享品牌相關資訊。品牌忠誠者則較偏向對品牌實體購買行為的高度支持，雖然對品牌的一些形而上的知識有所了解，但是購買原因則較偏為自身利益的滿足與形象投射，也可能會取得像 Facebook 的「頭號粉絲」標章。品牌中立者則是介於理性與不理性之間的支持者，可能對於數個品牌都有購買行為，在社群上也都按讚，但還是會因為促銷活動或品牌的特

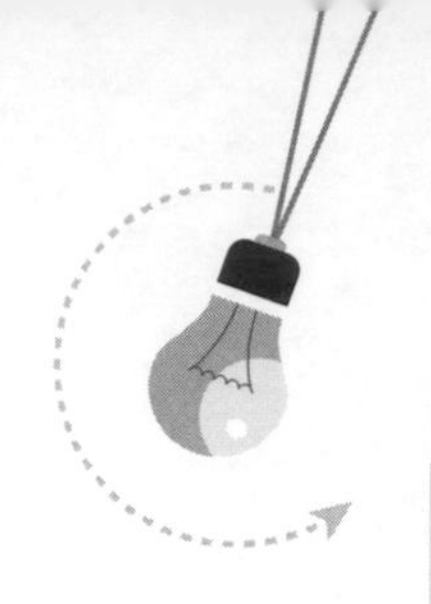

品牌擁護者

品牌忠誠者

品牌中立者

品牌關注者

品牌監督者

▲「品牌支持者」的五大類型

資料來源：王福闓製作

別行銷，像是會員聚會增加購買意願及對品牌的支持。

品牌關注者及品牌監督者其實在實際的購買行為中幾乎占少數，但在社群中可能造成正負面影響的程度卻不同。基本上兩者還是屬於理性的支持者，但是品牌關注者通常偶爾會購買產品及服務，也會對品牌自媒體的內容有時支持，像是看完 YouTube 的影片按個讚，品牌監督者則是在社群或實際使用上多了些建議評斷的可能性，例如開箱使用後以測評的角度給出建議，或是看到社群上品牌的貼文可能不太滿意就留言建議。但至少都還是對品牌在支持肯定的面向，卻也可能因為沒有做好溝通，反而成為理性不支持者。

因此越具備群眾基礎的品牌自媒體，就更要用分層管理的方式來進行溝通，打造能精準行銷粉絲的社群或社團，並建立起標準的系統化會員服務，且適度的持續吸粉以及轉化對品牌的認知與瞭解。同時將品牌傳播的部分使命適度的交給「品牌擁護者」以及「品牌忠誠者」，同時在數位環境中固定監察「品牌監督者」的意見並適度給出回應。有時當社群中出現來得及調整或溝通的問題時，至少可以做出合適的因應方案措施。

1.3

越來越多的
自媒體平台，
讓品牌
又愛又恨

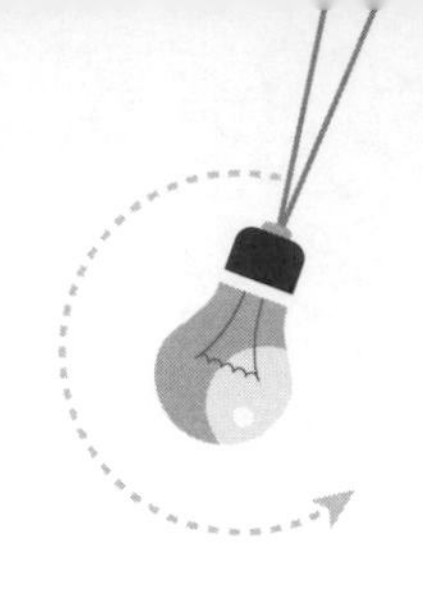

工具的多元與國際化

自媒體的發展明顯的改變了過去「品牌—媒體—閱聽眾」的關係，品牌可以直接與閱聽眾面對面，而個人品牌透過自媒體大量興起，甚至閱聽眾本身也在經營的自媒體。Facebook 的全球使用者已經超過 22 億人，在台灣更是超過 1900 萬人，Instagram 的活躍用戶數也達到 740 萬人，雖然有一定比例的帳號是停滯或是空頭帳號，但仍可見得現在幾乎成了「全民自媒體」的時代。自媒體的使用者與內容提供者的界線有時不是這麼明確，尤其是當使用者透過觀察、學習有時就能自己產製一些內容，而品牌也會鼓勵消費者參與甚至加入內容的製作行列。

調查單位《WeareSocial》公佈了從 2014 至 2019「全球最受歡迎的十大社群媒體」，臉書以 22.7 億的月活量 5 年穩居第一寶座，YouTube 則以 19 億位居第二。至 2019 年 1 月，前五名分別是臉書、YouTube、WhatsApp、微信 Wechat、Instagram，但後起之秀抖音快速竄升第 9，超過第 10 的新浪微博。當品牌想要在單一市場當中經營自媒體時，或許只要選定 2 ～ 3 個消費者熟悉而且常用的平台，但是當品牌越成長茁壯，希望接觸到目標族群越全面時，必須思考而且經營的自媒體也就必須更多元。

以統一超商的自媒體來看，Facebook 的粉絲專頁 7-ELEVEN 有 259 萬人按讚，Instagram 帳號 7eleventw 有 30 萬 5 千人追蹤者，YouTube 的頻道 Channel7eleven 則擁有 5.29 萬位訂閱者 LINE 的帳號 7-ELEVE 統一超商更有 1347 萬位好友。或許我們會認為，統一超商都已經這麼具有知名度了，為什麼還要如此積極的經營社群，但是從消費者的角度來看，每次我們停留在超商的時間相當有限，而店內有許多產品及服務品牌都不是只靠促銷就能讓消費者認識。尤其像是現在消費者使購買需求持續增加的現煮咖啡，統一超商的自有產品品牌 CITY CAFÉ 就製作了許多像是【NEW CITY CAFE 探索 ‧ 只為更好 —— 咖啡與我】、【NEW CITY CAFE 探索更好的一杯咖啡 —— 人生，沒有指南】以及許多針對消費者溝通的形象影片。

◀ Facebook：
7-ELEVEN

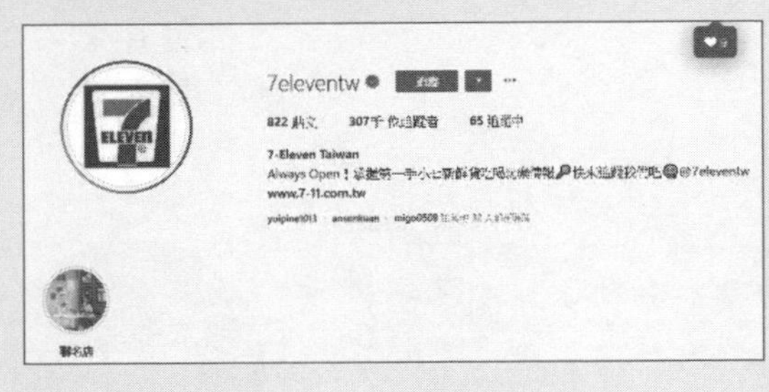

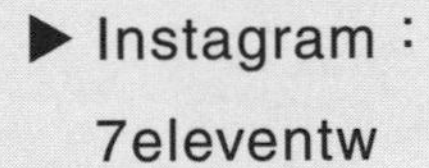

▶ Instagram：
7eleventw

▲ YouTube：
Channel7eleven

▲ LINE：
7-ELEVEN 統一超商

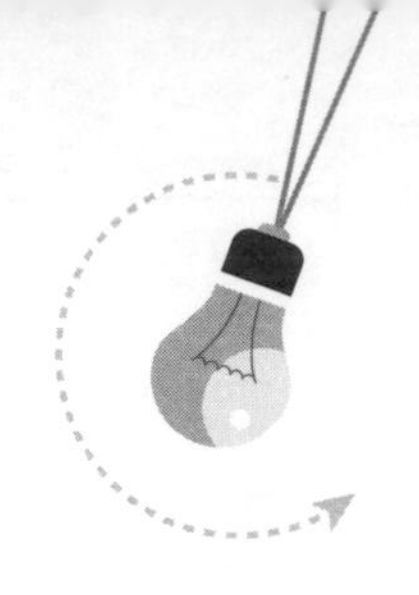

人家為什麼要看你的自媒體

在自媒體的平台上，不論是企業、政府或是非營利組織，都跟一般的社群使用者一樣，均具備了媒體的角色，因此也延伸出了許多個人品牌。而在傳播資訊的速度上也變得更迅速、隨時都有更多大量的訊息出現，當然也因為使用者數量龐大，所以有價值的訊息能夠更被看見，但也必須更有策略、有系統的溝通。在傳播理論當中的「表演一觀展」也在自媒體平台上明顯地呈現，一般的使用者看著各種不同品牌的社群影片、貼文，然後變成了自己說話的方式，而品牌也為了拉近消費者的認同距離使用更多的「梗」，內容之間相互影響連結，而傳播接受訊息不再是兩件事，而是一體化的同時發生。

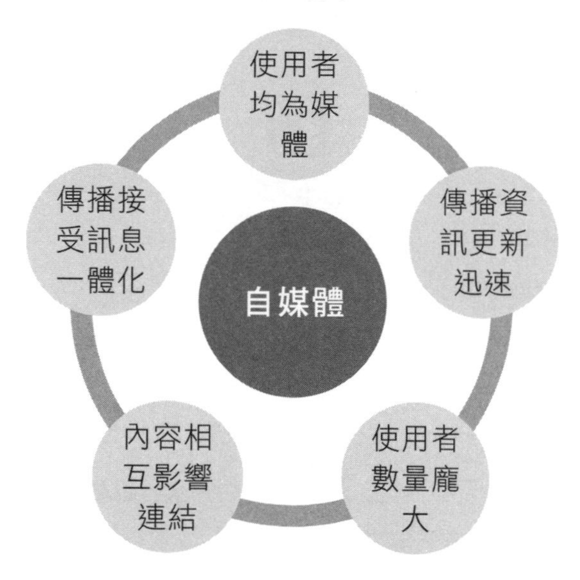

▲ 自媒體發展趨勢圖

資料來源：王福闓整理製作

在台灣或許社群的操作和應用若是只需要侷限在地，其實相對容易不少。但若是考量到想在兩岸甚至亞洲鄰近國家發展，更多元的自媒體也就不能避免去了解它。但很多時候，品牌經營了越多的自媒體，卻因為缺乏整體性的規劃，反而因為自媒體的品牌形象呈現產生了混亂。單單是以台灣的品牌常用的自媒體，包含了 Facebook、Instagram、LINE，以及若是以兩岸為銷售溝通時，也會同時經營像是微信、微博、抖音甚至小紅書。有意思的是，雖然大陸限制部分社群品牌進入內地營運，卻也有大陸品牌在國外經營自媒體辦得有聲有色，像是以製作中國農村生活與餐飲視頻的「李子柒 Liziqi」居然在 YouTube 有 751 萬位的訂閱者！

很多品牌因為過去對於傳統媒體的應用不是這麼了解或不願意投資，所以當自媒體平台興起後，就想用更低成本甚至不花錢的方式來增加自己的曝光。但這種觀念往往就是造成品牌敗在自媒體上的原因，自媒體營運成本包含了負責營運管理及製作素材內容的團隊薪酬，以及為了能讓品牌曝光更具效益而在新媒體上推播廣告、舉辦線上線下活動的推廣成本；另外還有定期的針對議題蒐集、競爭者或消費者的數位體驗過程進行調查的市調費用，有些甚至不能都以銷售結果做為績效評估。

問題在於每種自媒體平台的閱聽眾屬性及使用習慣其實都不太一樣，單純只是把品牌的行銷素材放在各平台應用，不但無法達到閱聽眾的認同，更難以達成品牌形象的建立。而另外一個難題則是，要為了因應多個自媒體的經營，可能還沒從這些媒體上獲得品牌的實質效益，就因為高額的數位平台投資以及建立與管理行銷素材的成本，就導致品牌付出相當的代價。雖然品牌也明白在數位環境中自己面對消費者溝通的重要性，但若是因為資源不足或是沒有整體規劃，卻可能造成品牌的行銷資源消耗浪費。

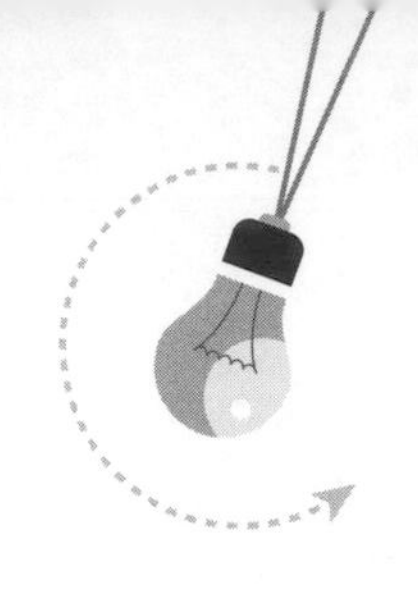

專注在品牌的主體形象溝通

但是自媒體對品牌而言有一個很明顯的好處，就是過去品牌不論做什麼，跟社會大眾溝通時多少會受限於傳播者，也就是一般媒體的立場與利益，就算數位環境也是一樣。發個新聞稿給各大記者，實體的報紙雜誌考量多，甚至有版面的限制，而數位媒體有的背後有特定立場或是長期合作的品牌所以仍有顧慮。這時在自媒體的世界裡，想貼新聞稿、發圖片、上傳影片，只要不違背自媒體的規範都可以！但這也代表很多時候只是自己開心罷了。有些品牌上傳了微電影到 YouTube 上，半年一年也都沒幾個人點閱，有時經營 LINE 的品牌，只是把資訊固定上傳給收訊者，但多半也是石沉大海。但不論如何至少多了一個機會被看見，而且只要逐漸的去調整溝通方式及累積資訊，都是品牌自己與消費者建立的關係。

以台灣前 5 大的網路購物電商品牌來看，幾乎都在經營自媒體的相關平台，但是從 Facebook 的粉絲數、YouTube 的訂閱數及 Instagram 的追蹤者來看，落差可以說相當大。Shopee 蝦皮購物在 Facebook 以壓倒性的情況擁有超高的按讚數，但是在多數單篇的貼文上卻只有數百到數千讚，與品牌的粉絲數落差極大。而老牌的露天拍賣則可以說是在台灣三大社群自媒體上的表現都有相當需要加強的地方。momo 購物網則是將社群溝通的主力放在 Facebook 及 Instagram 上，或許是因為在品牌屬性上較適合以圖片來溝通。PChome 24h 購物與 Yahoo 奇摩拍賣則是在三大社群都有基本的支持者，但因 Yahoo 奇摩拍賣在 YouTube 的經營是包含購物中心、超級商城，所以也造成了內容有些混亂。

台灣五大電商品牌自媒體整理表

品牌	Facebook	YouTube	Instagram
Shopee 蝦皮購物	1,601 萬粉絲	2.79 萬位訂閱者	10.2 萬位追蹤者
PChome 24h 購物	48 萬粉絲	0.75 萬位訂閱者	0.75 萬位追蹤者
momo 購物網	137 萬粉絲	0.5 萬位訂閱者	3.1 萬位追蹤者
露天拍賣	9.4 萬粉絲	800 位訂閱者	無
Yahoo 奇摩拍賣	27 萬粉絲	0.8 位訂閱者（註）	1.85 萬位追蹤者

資料來源：王福闓整理製作

自媒體讓個人或組織透過內容創作，並且運用不同形式呈現方式來傳播，經由理念及價值輸出、知識傳遞及對消費者有意義的事件，來建設個人或組織的品牌形象。而自媒體終究還是媒體，所以當訊息傳遞要怎麼設計、如何在合適的媒體傳遞合適的訊息，甚至是利用市場調查的方式了解競爭者在做什麼、目標受眾需要什麼，而且最重要的是「不要一天到晚只像靠自媒體賣東西」，這樣只會讓本來可以傳達品牌形象和溝通的機會，變成了消費者可有可無、貪小便宜甚至逐漸厭棄的一個資訊來源。

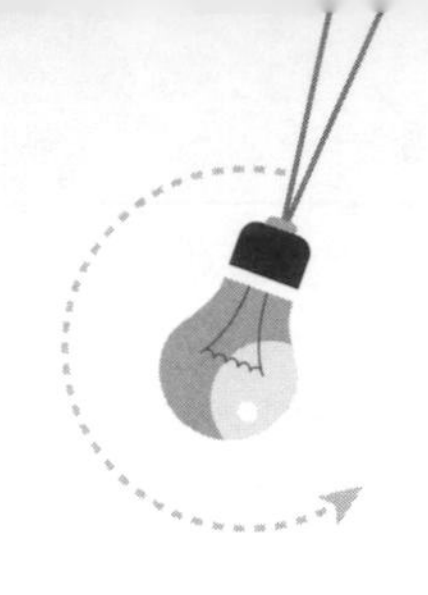

尋找自媒體上的盟友和幫手

品牌在規劃自媒體的時候，可以先從消費者的使用習慣著手，例如想讓消費者知道有一場新的講座要舉辦，而有興趣的人多為 30 ～ 40 歲的中階上班族，而且是重度的手機使用者。這時可以從適合的社群媒體（如 LINE、Facebook、Instagram）刊載、分享貼文，貼文主題設定及重點，包含版面設計、文案創意發想以及圖像製作。若是品牌本身的自媒體吸引力還不夠，則可結合其他經營自媒體較為成功的網路社群代表人物、網路名人、部落客或 YouTuber 等 KOL 關鍵意見領袖（Key Opinion Leader），在網路社群上共同創造內容並聯合曝光宣傳。並且可以評估在不同的社群媒介，找尋合適的 KOL，像是須在 Facebook 社群總訂閱／追蹤人數／關注／點閱數超過 5 萬人，或是在 Instagram 社群總訂閱／追蹤人數／關注／點閱數超過 1 萬人，以能吸引消費者關注的表現方式，於其社群或自媒體頻道發布至少 2 則訊息，並舉辦至少 1 次粉絲互動的活動，並且訂定合作的宣傳成效指標（按讚數、觸及人數、貼文互動次數等等）。

像是教育部針對「反霸凌」這個議題，先用「制服」上繡字的名稱，來點出被霸凌的言語，引起網友猜測並引發討論。之後再帶出包括陳歐陽靖、癡癡（白癡公主）、千千（千千進食中）共 8 位網紅的切身經驗，也由網紅在自己的社群平台上分享自身故事，來增加議題的擴散性，以及社會大眾的關注。

資料來源：
https://www.Facebook.com/www.edu.tw/photos/a.408327612675199/1355597481281536/?type=3

這時我們就要進一步來規劃，怎麼有系統地透過自媒體來傳達品牌那些更有意義的資訊。例如過去可能大家會好奇品牌的辦公室長什麼樣子、員工上班的面貌，甚至是其他工作環境，乍看在自媒體做這些事的分享好像意義不大，但其實對於社群使用者來說，這代表的是了解品牌文化是否是自己理解或認同，甚至是尋找未來公司成員的一種方法。另外像是把以往拍過的廣告整理後分享在影音類的自媒體，不但是「再行銷」的機會，更是讓過去認識品牌的消費者有回憶連結的機會。筆者分享一下「A 組織品牌自媒體營運專案工作大綱」做為大家可參考的方向。

「A 組織品牌自媒體營運專案工作大綱」	
一、 專案背景	A 組織品牌對外合作與交流中心利用多年國際合作基礎，打造多款成功的手機遊戲產品品牌。為加強品牌宣傳，以設立 4 個自媒體平台，分別是 Facebook 粉絲專頁、Instagram、LINE 及 YouTube。經前期運營已完成實名認證，實現了品牌日常與消費者間的基礎溝通。根據 A 組織品牌 2020 年品牌形象整體推廣工作計畫，為進一步提升溝通成效，擬委託一家具有資質的單位展開 A 組織品牌運營工作，達到宣傳的目的。
二、 工作目標	通過整合現有 A 組織品牌自媒體專業化營運管理，提高消費者對品牌的關注度和影響力，更好地推廣組織品牌的整體形象，以及針對 2020 年預計推出的系列新產品進行整合行銷傳播的溝通。
三、 工作內容	根據工作需要進行 A 組織品牌自媒體營運，具體開展以下工作： （1）Facebook 發佈資訊平均 1 ～ 2 條／天，共約 170 個工作日，對甲方提供的原創進行專業的美工編輯排版設計和及時發佈；同時每個工作日搜索抓取 A 組織品牌及旗下產品的相關資訊，並對轉載資訊進行專業美化編輯和及時發佈。LINE 官方帳號，發佈資訊平均 1 條／ 3 天，共約 50 次，對甲方提供的原創和轉載文章進行專業的美工編輯、排

	版設計和及時發佈；同時每個工作日搜索抓取 A 組織品牌及旗下產品的相關資訊，並對轉載資訊進行專業美化編輯和及時發佈。 （2）Instagram 帳號，發佈資訊平均 1 條／2～3 天，共約 100 個工作日，對甲方提供的原創進行專業的美工編輯排版設計和及時發佈；同時每個工作日搜索抓取 A 組織品牌及旗下產品相關資訊，並對轉載資訊進行專業美化編輯和及時發佈。YouTube 帳號，發佈資訊平均 1 條／月，共約 10 次，對甲方提供的原創和轉載文章進行專業的美工編輯、排版設計和及時發佈。 （3）編制完成 A 組織品牌自媒體營運總結報告，要求介紹各平台營運維護工作情況，統計分析使用者訪問行為資料，並根據統計分析結果提出改進的意見。
四、 預期成果和時間要求	2020 年 12 月前完成 A 組織品牌自媒體營運總結報告。

資料來源：王福闓整理製作

1.4

新媒體、自媒體與傳統行銷的拔河

媒體都在虛實掙扎中生存

新媒體的出現對於整合行銷傳播工具來説，有的產生相當大的巨變，例如像是在電視上播放的廣告通常因為媒體採購金額昂貴，大致分為5秒進出口卡（節目前後的第一支）、10秒到30秒等以5秒為基準，還有像是保健化妝品類品牌專題式的2～3分鐘。但在新媒體上的平台上則會因為品牌製作了長秒數的微電影，有時甚至多達5～10分鐘，而新媒體上的傳播品牌則可以將照樣的微電影上在自己的平台再加上一些文案或宣傳全盤播出。雖然微電影也可以在品牌自己的自媒體播放，但是能夠透過更多的媒體擴散才能更增加潛在消費者接觸的機會。

傳統媒體過去在電視、廣播、報紙雜誌等媒介幫助品牌帶來許多的曝光機會，甚至不少也都走入了新媒體甚至自己也經營直接接觸消費者的產品及服務品牌，像是用自製戲劇的劇名販售的保健食品或是飲料。另外在傳統媒體當中還會運用置入性行銷（Placement marketing），巧妙將品牌想要行銷的產品及服務以手法置入媒體內容，讓原有觀看媒體的閱聽眾認識並且感興趣，來達到曝光的廣告效果。因為終究是一種廣告行為的範疇，品牌仍然需要付費購買媒體版面或可冠名的期間，好處則是可明確的讓閱聽眾知道品牌廣告主是誰，以及想要溝通的具體產品、服務甚至是理念、政策。

但置入性行銷必須在一個很重要的基礎上，就是既有的媒體與原本就完整的內容，例如有線電視台製播的戲劇、旅遊節目，或是像對岸的歌唱比賽、智力知識型節目等等。此時新媒體與傳統媒體或許都懂也都可以幫助客戶品牌操作不同面向的方案，但這時

媒體自己的品牌也成了一個必須經營的層面。例如有的閱聽眾喜歡 TVBS，有的則喜歡中天或中視，也有的會選擇新媒體愛奇藝。另外就是節目品牌的經營也是相當不容易，所以雙方都必須是合適的目標受眾才能發揮更大的行銷效益，例如中國新說唱（中國有嘻哈）中，人氣選手以 Rap 方式將贊助商的廣告標語、產品品牌特色編寫並且唱出來變成節目橋段，像是麥當勞、農夫山泉等品牌。

另外越來越多品牌運用像是 PTT、Dcard 與 Meteor 這樣的口碑論壇來進行置入性的溝通，PTT 的使用者大多以上班族群居多，每個討論區的子板塊也有不同的板規及主題討論內容，PTT 最大特色在於各版分類精確，讓有共同興趣的人會集中在同一討論版分享相關知識，也因此適合品牌置入深度文章，甚至只要是被推爆的文章還有機會被媒體當作新聞素材。Dcard 使用者多為現役大學生，需用學校信箱申請帳號，許多美妝保養品牌常因網友的討論而爆紅，另外像是寵物、美食及遊戲，都會因為學生族群的特性而能夠找到品牌發揮的空間。Meteor 則是新興以高中生為主的論壇，比較適合品牌針對特定議題先做測試，例如感情主題的微電影。

像是大學眼鏡因為在實體店面推出了 AR 的虛擬配鏡服務，但若是使用大眾媒體來溝通可能效益有限，所以邀請了網紅到店體驗後，再請網紅撰寫文章來對有興趣及需求的消費者分享。另外也有消費者在體驗後分享在 Dcard 上，也更精準的面向了大學生的主力族群來溝通。當有需要的消費者在資訊尋找時，這種透過潛移默化的方式就更能讓人接受並對品牌產生記憶。

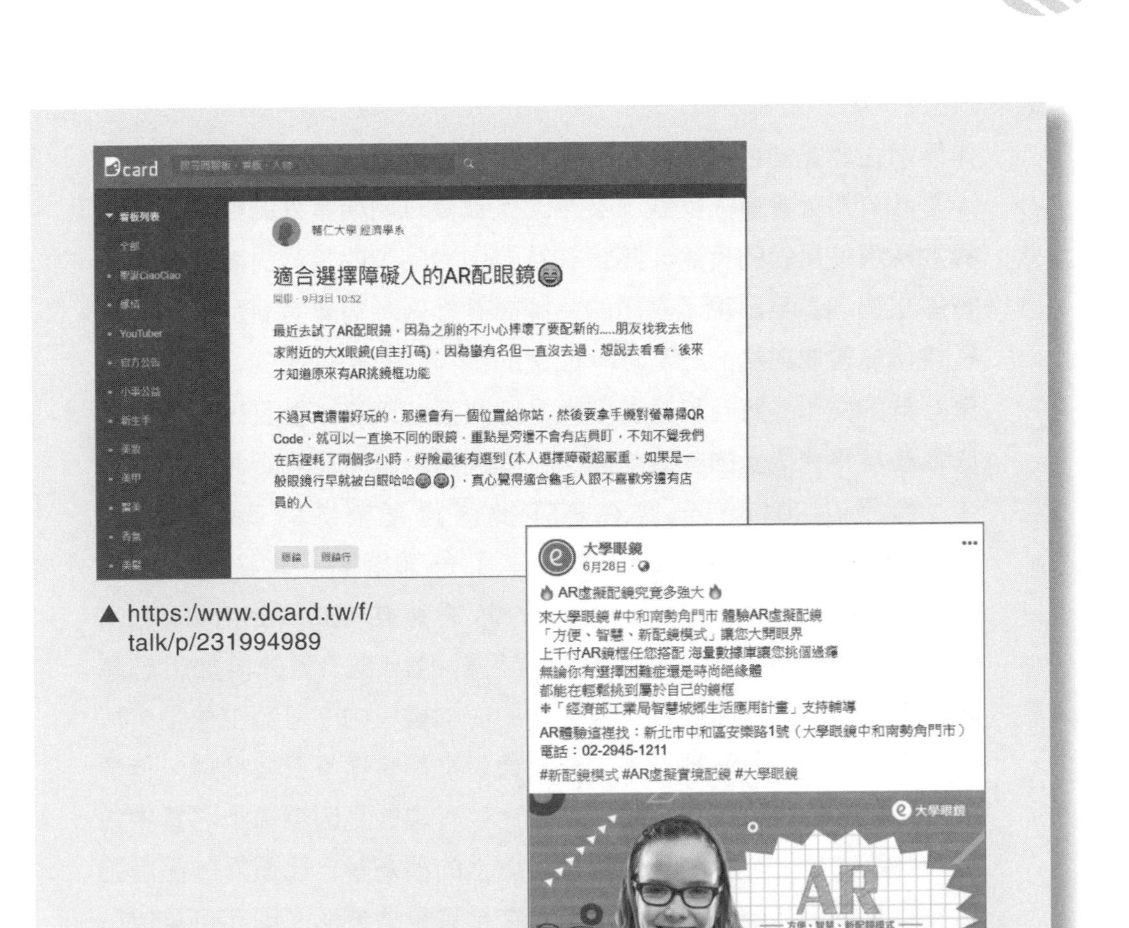

▲ https:/www.dcard.tw/f/talk/p/231994989

▶ 大學眼鏡 Facebook

這時在論題裡的使用者身分就是關鍵，若是想在人氣版位經營品牌的置入，就必須更進一步先經營真實的支持者，以及表白真身的品牌經營者。利用精準的使用者瀏覽與關注提升品牌溝通效益，同時結合議題推薦置入品牌的商品及活動。甚至是順著已經有人在討論的話題，帶入品牌合適的訊息增加曝光機會。但這些論壇的操

作既然主體是站內的使用者，就更要小心的觀察風向，因為只要有人喜歡支持就會有人反對，甚至若是被發現明顯置入的痕跡還可能導致論壇使用者的反感。其實在社群中對品牌的熱烈討論從來就沒有停止過，甚至出現了專門的品牌討論社區，消費者對品牌的參與是持積極贊成態度的。當然，品牌的參與必須是透明的，且必須尊重社群的文化。將社群經營作為品牌長期的策略，並且讓自己融入成為社群平台眾多的一員，而不只是利用社群來發表資訊。

像是在 2017 有一篇在 PTT 批踢踢實業坊的 BabyMother（母嬰），作者 miranda329 分享了一則新聞「媽媽請進！十大尿布品牌全剖析」，從分享的新聞連結 http://dailyview.tw/Daily/2017/02/03 則確認是網路溫度計的調查，另外再加上分享者的心得。從其他回文者與推文者的討論過程中，可發現像是「尿布大王」、「活潑寶寶」、「寶貝天使」都有獲得正面推薦，但像「幫寶適」就有比較負面的訊息。比較有趣的是因為前十名當中沒有「好奇寶寶」，所以至少有 4 位以上的網友替自己偏好的品牌主動發聲支持，甚至還有人表達調查結果只是做參考。因此可見以口碑為主的社群操作，若是能有品牌的忠誠者給予支持甚至發聲，都能為品牌帶來正面效益。

置入或是微電影廣告更貼近生活

這時有的品牌就想，既然置入性行銷是用像是冠名、戲劇內容甚至歌曲等方式來達成溝通效果，若是把這樣的創意自己來發揮，自製廣告微電影、MV 然後再放在自媒體上，是否就能達到一定效果呢？這時就回歸到之前所談的，品牌自己本身的自媒體經營得如何，消費者與閱聽眾是否有透過品牌自媒體的訊息得到需求滿足，以及願意投入的資源。品牌經營的自媒體對於消費者來說，有趣有創意的內容是重要的條件之一，讓社群的使用者願意分享及互動和自媒體相關的內容則是加分的條件，像是推薦分享提供的實質利益。例如可爾必思在品牌年輕化的過程中，就應用了 MV 式的微電影，結合歌手發片以及媒體曝光，再加上自媒體的整體宣傳，都讓目標族群的好感度有所提升。

這時品牌的自媒體可以更進階思考一個問題——在自媒體上累積的是內容資訊還是具體的品牌形象？當品牌個性逐漸透過了實體與數位被塑造成型時，越明確並且據差異化的數位品牌形象，甚至

資料來源：https://www.youtube.com/watch?v=KNB10Bk3HQ0

成為了一種獨特的 IP 存在，在可期待的消費者訂閱與回流機制下創造持續的流量。甚至品牌的自媒體就算在變現的需求上也具備了一定的能力。但一個具知名度的品牌本身就不容易建立，品牌在數位環境中延伸的 IP 更要具備創新性、創造力與持續經營才能累積獲得的成果。像是將品牌的數位 IP 發展成為在消費者生活當中的集體記憶和形象投射，例如曾經紅極一時的「全聯式貼文」、「故宮式貼文」等等。

這時在新媒體、傳統媒體及自媒體之間，品牌該怎麼投入資源才能發揮最大效益，這邊筆者從品牌再造的角度提出一個很重要的觀念，也就是「品牌媒體診斷」。常常問題不是在單一層面，外部媒體為什麼不理你的品牌，自己的品牌網站搜尋流量低，甚至其他自媒體也都沒什麼人回應關注，這些問題常常是息息相關的。因此品牌可以運用之前筆者提到的「全面品牌接觸點管理」，再進一步結合「品牌媒體診斷」，從品牌媒體溝通的現況、目標受眾的分析與檢視，以及過去媒體的策略及做法來診斷。甚至包含了內容的調整以及像是關鍵字、文案內容等，給品牌提供一個明確的問題改善方向，並再進一步調整改善。

資源永遠都是有限的

過度的投入數位環境對品牌不一定是好事，尤其是在社群環境中有很明顯的「趨避效應」以及「數位落差」，但是與品牌的消費者實際購買及溝通層面，和品牌完整的面向建立上其實都會產生差異。品牌的價值建立是從內而外的，數位環境常常容易透過資訊的操作而營造出讓人美好的錯覺，尤其是閱聽眾接收的資訊也會因為演算法而導致喜歡的看到更多，而忽略其他的訊息。數位落差更是品牌在溝通時的一大風險，相同的預算透過實體的體驗行銷或許看不到漂亮的按讚數字，卻能讓消費者紮紮實實的認識產品及服務本身。更何況許多消費者寧可在將零錢直接投入便利商店的公益捐錢箱，或是相信看到家裡信箱中里長提醒接種疫苗的傳單，這些的實體環境背後還是企業品牌、非營利組織品牌以及政府單位品牌在傳遞溝通訊息。

數位行銷企劃是為了達成特定在數位環境進行行銷，而且有具體目標而進行的策略思考和方案規劃的過程。明確的行銷目標可以從進行溝通的對象、預計要達成的目標來著手思考。數位行銷平臺企劃可以先從建設網站、品牌 App 著手，網站的規劃可以從結構邏輯、視覺、功能、內容、技術等面向去規劃。但若是初期投入資源不足，則適合先建立至少一個以上的品牌自媒體，像是 FB 的粉絲專頁或是 YouTube 的影音頻道，至少有主要的自媒體來維持品牌溝通的完整面向。

這時候縱然數位環境經營的再美好、再成功，還是要從品牌的完整性來思考，最上位的品牌營運策略、品牌管理策略到品牌再造策略，都是讓品牌重新思考該怎麼做才能更具效益和價值，尤其是明確的區隔出什麼用傳統媒體溝通有效、什麼是新媒體擅長的操作，以及品牌自媒體該怎麼整體性規劃。或許在這個世代能仍然有太多的新媒體、新技術會興起，甚至有的品牌仍然在過去的輝煌中活的悠悠自在，但只有品牌決定好自己想長成的樣子，然後清楚明白什麼是品牌本身，什麼是產品及服務，以及想要溝通的具體結果，才能在新媒體中為品牌創造更大的價值與效益。例如在特定時間針對品牌的不同媒體媒介進行策劃專題，可以將不同自媒體的文

章利用連結進行整合。例如母親節即將來臨，那麼禮品行業就可以策劃「母親節禮品故事分享」的專題，針對一些母親議題的文章用連結進行整合，進而網上商城則可以策劃「母親節禮品促銷方案」等。

而近年來城市品牌行銷成功的例子之一，就是從實體到虛擬、傳統媒體到新媒體都有所連結的新北市歡樂耶誕城。在活動期間新北市政府的 Facebook 即換上主視覺，再加上活動本身的粉絲專頁持續更新相關訊息，另外像是有參與表演晚會演唱的歌手鄧紫棋以及關注生活議題的節目食尚玩家，成功做到了在訊息上產生高度一致關聯的內容分享。

團隊思維才能因應快速改變

但成功的案例終究是少數，之前筆者就一直提醒，若只是把自媒體當作被迫因應消費者的行銷工具，或是想藉此取代傳統傳播工具的替代品，那就是替品牌埋下了禍根。常常那些自己形象還算正面的品牌，因為找了社群公司代操，結果把自己搞得越來越像一堆複製人，10 幾個品牌都類似議題上，用差不多的文案和圖品，差得只剩品牌的 LOGO。或是找了網紅拍影片，卻變成每支社群上發的影片都像是在幫網紅做作品集打廣告，最後品牌浪費了行銷經費，也沒有讓消費者更認同或是更偏好，那就是白忙一場甚至傷害了品牌未來的形象發展。

要建立良好的數位行銷營運團隊，首先就要求專案負責人對專案策略、各模組流程細節、團隊組建、職務需求、管控系統等都要深入瞭解，甚至都親自操作過，其次是團隊、流程的整合能力要有

▲ Facebook：
我的新北市

▶ Facebook：
2019 新北市
歡樂耶誕城

▲ Facebook：
GEM 鄧紫棋
HK Fans Club

▶ Facebook：
食尚玩家

一定經驗。職務專業及人員技能不合適往往就會發生悲劇。根據業務流程來規劃部門編制、團隊職務、薪酬、管理考核、培訓等。從總體來說，數位行銷企劃就上面幾個模組，因為在具體數位行銷營運過程中要動態平衡個人的職能與職務內容，比如網站的銷售力差、轉化率低，那就形成了以轉化率為核心的網站銷售力企劃，包含了職能的設計、對應的績效以及必須在職培訓的項目。

越來越多品牌端客戶詢問，怎麼幫公司的人才進行數位轉型，甚至連廣告公司、公關公司及活動公司都碰上這樣的問題。但為何過去像這些專業人才當遇上傳統媒體、新媒體及品牌的自媒體的溝通與運用時會慌了手腳，甚至逐漸被新興的職務給取代了工作，或許和傳統與數位行銷領域間的差異此消彼長，產生的影響結果有關。尤其是這幾年，不少曾經讓人嚮往的品牌行銷職務，因為數位時代的改變而受到影響，或是必須肩負更多的責任才能生存下去，筆者就分享一下 5 種因為數位趨勢，必須轉型或提升的行銷人職務。

1. 公關企劃人員

早期台灣的公關產業因為隨著外商的需求以及本土品牌上對於跟媒體打交道仍有些畏懼，所以曾在一段時間快速的興起，然而當記者會費用越壓越低、創意商展體驗活動除了實體更要有相當程度的曝光效果，更重要的是在業者心中，花小錢創造高效益的社群經營，也就是自媒體的管理，在創造效益上也比以往增加難度。所以越來越多的公關企劃人員，不但必須把持住原來的公關操作專業、媒體運用，甚至擔任小編也得成為專業能力之一。

2. 廣告文案及創意人員

台灣市場在傳統廣告與新媒體廣告的投資環境轉變下，過去創造「大創意」的廣告公司文案和創意人員，不但要在得獎、客戶前往中提出有價值的創意，更因為越來越多電商客戶或是本土企業轉型，在相同的預算卻追求的是大量淺層，能夠與網民溝通的創意內容，因此不論是設計還是文案的產出，都有的相當程度的挑戰。

3. 市場調查人員

成功的行銷策略與企劃其實相當倚重市場調查的資料作為判斷依據，但過去不少市場調查人員，只要能把行銷研究、研究方法或是 SPSS 這些運用軟體熟悉，就能因應工作。但現在客戶端對於樣本的選取、報告的解讀和呈現，甚至大量免費或便宜的調查工具可以取代，市場調查人員就必須為客戶提出更完整而且多元的調查方式，也更得熟悉那些免費工具並給予顧客合適的選擇建議。

4. 通路活動企劃人員

以前數位時代還不興起時，大多品牌形象的溝通就落在店面的商業化、陳列、體驗、甚至結合 PG 推廣小姐（Promotion girl）進行人員銷售及促銷。但這幾年很明顯的發現，不論是保養品、化妝品甚至一般食品飲料品牌，因為銷售逐漸轉往網路，所以相對投資在通路活動上的比例也降低。因此通路活動企劃人員不但必須能提案與執行時幫助客戶加入數位的溝通方式，甚至必須轉型提升實

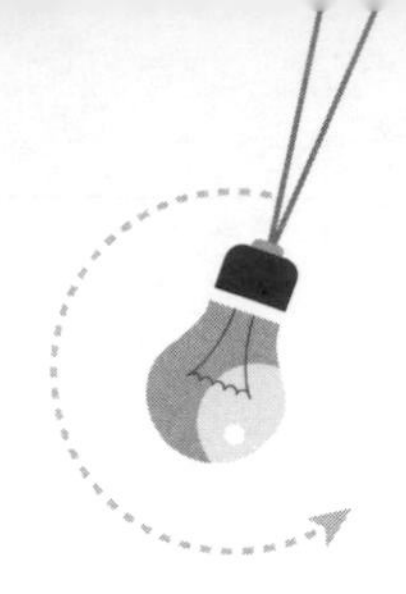

體活動的質量與效益，才不會淪為低價競爭。

5. 整合行銷傳播部門主管

這幾年碰到不少過去曾在大品牌任職主管的朋友，有的因為品牌轉型所以更倚重行銷代理商的服務，反而弱化了整合行銷傳播部門的功能，當然主管的發展也跟著受限。但也不少是因為主管通常有一定的本質學能專業，但當面臨到數位時代的來臨，無法放下自我，還是堅持原來的操作方式，直到效益衰退，也造成了面臨人生風雨的關口。

做數位零售需要商品營運促銷的人才，擅長做 SEO 優化的不一定有能力發想設計文案與視覺；甚至像要公司的資訊部門同仁順便做小編，都是很危險而有違專業的事情。有些公司總希望員工什麼都會，就連數位的傳播工具都好像只要一學就通！卻忽略了專業的養成，不只是實務，還有學理研究的基礎，才是行銷人的價值之一。當然數位時代並不會一下子讓所有的行銷人措手不及，只要本來的專業是紮實的，而且有持續進修成長，自然不怕風雨。就算時代再怎麼發展，至少當我們看到成功的實體活動還是會驚艷、感人的廣告還是會流淚、收視冠軍的狗血劇依然是電視廣告的重要媒體採購時段，甚至再怎麼免費的外部資料還是不能跟紮實的焦點團體訪談比較時，就可以認真的相信，品牌的行銷人員做好自己原本的專業，而且更進一步的了解品牌未來在數位環境中的需要而跟著成長，那時代的改變只是加分而不是危機。

還有不要迷信一堆其實自己都不想做的自媒體操作，該交給傳統媒體或新媒體的溝通，還是必須的數位投資，但真正該思考的是自媒體的營運是由公司本身的編制來進行，還是委外交給數位行銷公司才能發揮效益。例如有的公司一開始只經營了粉絲專頁，但想再開設粉絲團增加消費者互動，這時或許都還是可以由公司內熟悉或是自己有在經營社群的同仁來規畫執行。但是將內容要逐步發展在不同的自媒體平台上，甚至還有影音、圖像、文案及網路廣告的投放時，若公司原有的人力已經不堪負荷，那委外確實是比較好的做法。

1.5

善用議題
讓品牌
被看見

數位中的議題更多人關注

以往的公共關係操作也開始產生了變化，像是品牌以往想被媒體報導其實相當不容易，但是許多新媒體上的原生媒體去比較容易的去看見這樣的議題進而報導。像是「PopYummy 波波發胖」、「niusnews 妞新聞」等，都會針對生活當中有趣的議題分享報導，或是以校園為主的「中時電子報 campus」，則是著重在知識與學生感興趣的事物。傳統媒體的公關操作當然效果還是有一定的程度，但受限於不論電視、報紙雜誌的版面，以及記者的時間，就算是付費型的新聞也還是必須思考投入的資源與品牌的關聯。

當品牌必須更落地、接地氣的時候，找到對於社會大眾會產生興趣的議題來溝通其實相當重要，不論是產品開發還是行銷文案，讓接收訊息的人能夠「感同身受」。在新聞尋找議題時，有特殊爆點、能讓閱聽眾產生關注，甚至是具有相當爭議的特定立場。就像品牌的經營者可能特別相信環境保護或是生態價值，所以當品牌在發展議題溝通時，就可以從關注環境教育或是改良製程來著手，當在與新媒體溝通時，就要適時的扣連在與品牌相關的議題上。

議題為什麼對品牌重要，因為品牌看待議題的方式其實也是在傳達自己的品牌理念。當某些議題發生時，自己的品牌站出來捍衛認同的立場，雖然可能會產生衝突與部分的對立，卻也能凝聚支持者。在同時強調議題對社會大眾的影響時，要將與品牌的關聯性用淺顯易懂的方式，加上合適的消費者參與方案一併提出。另外為了避免媒體或公眾對於品牌支持議題背後的動機有所質疑或偏差，還可以結合對於議題有影響力的意見領袖、議題關注者以及社群代表共同分享訊息甚至背書。當議題擴大時，更要結合品牌公關及企業社會責任等部門，有系統地幫助品牌進行倡議及溝通。

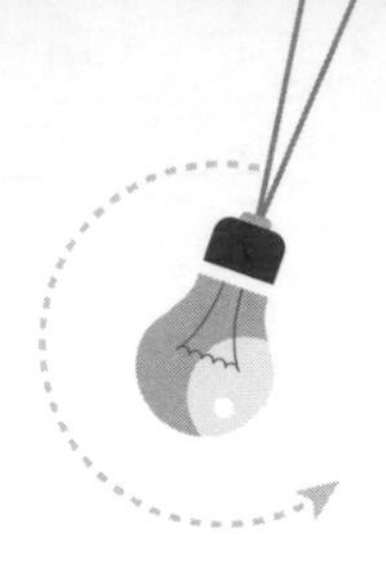

品牌承諾

我們的品牌故事起源自創辦人Anita Roddick革命性的思維,她深信企業能創造美好的世界
自1976年創立以來THE BODY SHOP堅持與眾不同
我們不為追求利潤而放棄原則,我們打破框架勇敢竭力推行企業理念.
今天,我們堅定動行承諾「掌握資源，富裕無虞」.
THE BODY SHOP致力於富裕人群與豐盛地球,保護資源以永續自然生態多元化
我們承諾落實社區公平交易,幫助社區發展繁榮
我們豐裕產品,絕不採用動物實驗,也不做出不實的承諾.
作為綠色環保美妝品牌的先驅,我們深深引以為傲
永續關懷社會問題,堅持守護美好地球
掌握資源，富裕無虞
「改變」掌控在你手中!

資料來源：
https://shop.thebodyshop.com.tw/thebodyshop/index.php?action=about_us_01

但品牌要怎麼設定議題，以及應該關注什麼樣的議題卻是相當重要的策略，也會因為品牌的屬性及類別有些不同。媒體類的品牌當然本身就是議題的塑造者，甚至從過去就有許多媒體懂得善用議題來吸引閱聽眾的關注。除了媒體類的品牌之外，像是從事化妝品產業的品牌，就必須面對許多在道德議題及消費者權益之間的議題來思考。像是有的品牌在進軍中國時就必須面對動物實驗的議題。2014 年中國雖然通過了取消對化妝品進行動物試驗的強制要求，國產非特殊類化妝品不需要動物試驗，但法律仍然規定在中國的銷

售而且在中國製造的「藥妝品」（有功能性效果聲明的化妝品）必須進行動物試驗，而僅用於出口的化妝品則可免除。

這時有的品牌就必須做出選擇，或是針對這樣的議題表明自己品牌的立場，像是比如 The Body Shop 就是長年倡議反對動物實驗的品牌，不但所有的產品及其所使用的原物料從不使用動物實驗，創辦人安妮塔 ・ 羅迪克女爵士更與世界反對動物實驗組織（BUAV，Cruelty Free International）、及其他有志一同者，持續倡議誓言終結動物實驗。時至今日，The Body Shop 仍然持續推動並支持著世界各地的反對動物實驗運動。而到了 2013 年，歐盟也正式宣布禁止經動物實驗的化妝品及原料於境內進口和銷售法案正式生效，可以說是因為品牌的堅持與倡議，對於社會造成相對的影響而達成的效果。

當生活水平到了一定就會想讓環境更好

根據凱度調查公司 Kantar 發表的「Purpose in Asia」調查報告發現，台灣消費者最經常討論的議題為氣候變遷、性別平權、海洋生態、健康和生活福祉，以及經濟成長。而認為最重要的五大議題則是健康和生活福祉、消除貧窮、氣候變遷、良好的工作環境和經濟成長，以及乾淨水資源與衛生設施。或許我們會認為台灣的經濟已經這麼發達，消除貧窮怎麼還會是重要議題呢？甚至根據美國一項針對全世界一百四十個國家的比較調查「低於貧窮線的人口」，也就是各國政府所承認的「法定窮人」占全國人口的比率，臺灣的貧窮人口率居然是全世界最後一名！

但是根據衛福部統計，至 2019 年 6 月全台各縣市低收入戶共有 14 萬 2456 戶、共 30 萬 2698 人，中低收入戶共 10 萬 9807 戶、共 31 萬 8432 人，合計照顧 25 萬 2263 戶、62 萬 1130 人，涵蓋率為全國人口 2.63%。而從另外一個層面來看，包含像是「單親家庭」、「偏鄉兒童」甚至像是「重大災難」、「急難家庭」等都可能是值得被關注的對象，因此除了像是中國信託慈善基金會的點燃生命之火計畫、社團法人中華基督教救助協會的 1919 食物銀行計畫，甚至不少企業也開始關注剩食再利用幫助「弱勢家庭」，像是聯合利華與家樂福合作的「剩食計畫」。

而對於品牌來說，尤其是企業品牌是以獲利為最基本的生存條件，為什麼必須思考付出額外的代價來關注議題，除了因為品牌一開始的出發點，還有一部分原因就是品牌對於社會的價值。當今天消費者自己在生活當中，看到許多不公不義的事情，又或者是自己也在關注一些切身相關的議題時，當看到身邊有品牌也在關注相同的事情時，就會多產生一些認同感。品牌的議題關注也能產生消費者自發性的口碑擴散，因為這些議題本來就是消費者會分享給身邊一樣在乎類似議題的人，這時品牌就連帶地被分享出去。

從公關領域這些年的發展，可以看到從過去只是單純的公益贊助、公關活動舉辦，進而到達從企業社會責任 CSR（Corporate Social Responsibility）、甚至是聯合國針對人類面臨共同挑戰，提出的 17 項永續發展目標 SDGs（Sustainable Development Goals），其實可以發現企業品牌過去的經營思考、非營利組織品牌的社會公益目的，甚至是政府單位品牌的政策溝通，都不太能夠只是獨善其身的運作自己品牌。尤其是數位環境的改變讓消費者在訊息爆炸的時候，雖然產生了更明顯的分眾現象，卻也造成了在關注議題上產生了更多的關注與集中。

用品牌的力量讓社會更美好

另外像是台灣的上市公司，因為需要溝通的對象不只是一般消費者，而更多是股市的股民投資者、政府的相關部會甚至是公司廠房所在地的附近居民。這時品牌關注議題並且透過公關上社會大眾知曉而且認同，對品牌的長期是更有幫助的。像是天下雜誌舉辦的「CSR 企業公民獎」、遠見雜誌舉辦的「CSR 企業社會責任獎」甚至是各公司提出的企業社會責任報告書，都是在傳達品牌積極參與議題的方式。

而像是中小型的企業則可以將自身服務的專業能力，加入對社會關注的議題來增加連結，像是米蘭時尚髮型在 2019 年的雙 11 購物節進行義剪。合作義剪的單位均為南部的公益單位，像是北門弘能家園、仙人掌社區復健坊、樂憨之家、南工護理之家、龍崎教養院、聖和老人長期照顧中心等等，總共 11 個單位估計服務超過 400 位長輩與孩童。這樣從大家本來是以關注購物的時間點進而運用品牌的服務專業，以及連結企業文化的公關操作，確實能讓更多社會大眾對品牌產生較高的好感度。而從根據 DailyView 網路溫度計透過《KEYPO 大數據關鍵引擎》2019 年 1 月的調查分析也可發現，米蘭時尚髮型也是網友最愛討論的品牌第一名。

但就算社會趨勢是如此，難道品牌只要參加幾個獎項、關注一些社會大眾重要的事情，就可以讓品牌一直維持正面形象，甚至讓消費者忠心支持？那也把事情想得太容易了。企業品牌在經營過程或多或少都可能犯錯，所以連帶危機處理和因應方式也必須一併思考，包含在議題管理的範疇。像是有品牌一邊高舉關注環境保護的議題，還獲得不少獎項，但卻曾遭人檢舉甚至開罰排放汙水造成環

境傷害。或許之後已經確實悔改，但仍然要小心在操作議題上的正當性，以及企業是否是真心認同品牌的價值觀有更高的道德標準。2019 年底就爆發了過去品牌形象不錯的食品大廠，員工勾結廠商偷偷排放廢棄汙泥的事件，不但對於品牌產生了當下的傷害，更讓人質疑過去的形象是否值得再相信。

另外本來就有特定公益性質的非營利組織品牌，就更必須去思考在社會變遷的情況下，是否有更多必須同時關注並且倡議的議題。因為這些議題不但可能是增加社會大眾對品牌的認同度或了解，更重要的是這些議題的推動才能讓社會更好。例如像是陽光社會福利基金會對於議題的關注，從之前的八仙塵爆、燒燙傷的照護到像是最近關注根據調查每 8 個人就有 1 個人曾因外貌遭受不友

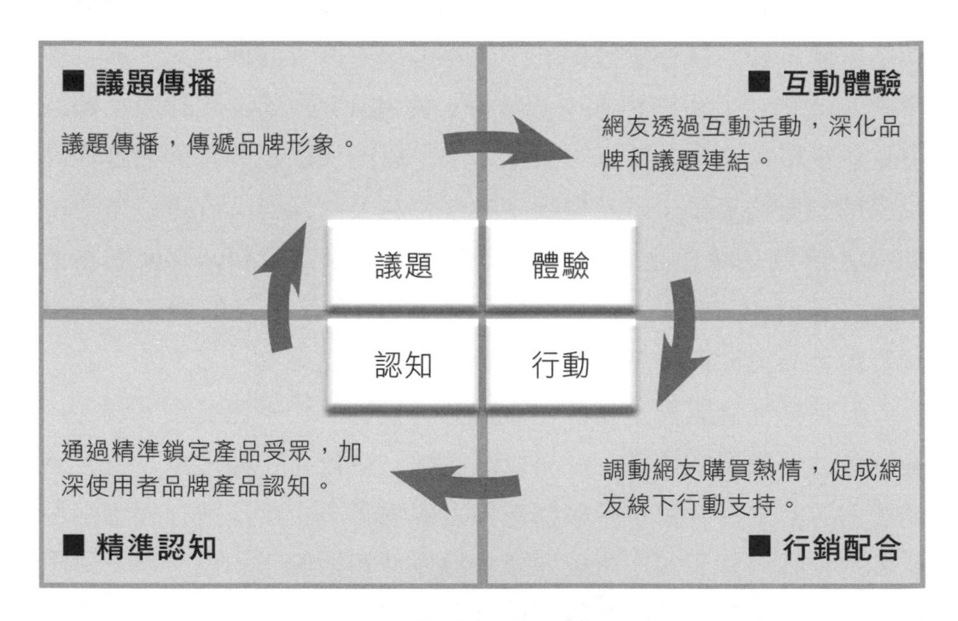

▲ 社群議題溝通模式圖

資料來源：王福闓整理製作

善對待，所以與宜蘭縣政府推動「臉部平權」，希望能讓更多人接觸與認識。

在數位環境中，尋找社會大眾關注的新議題不是難事，但要讓這樣的議題與品牌產生合適的關聯性，並且能引發後續的正面效應就是挑戰。當企業品牌高舉支持公益扶助弱勢時，是用誰的錢來捐助就是重點。之前曾發生過有品牌為了營造正面形象，將公司要發給同仁的年終大部分捐出去並高調舉辦記者會，但沒有多久就有員工在 PTT 論壇上發言表示不認同，甚至引發媒體關注。數位環境最大的特色之一，就是當議題發酵後通常有正面就會有負面，有支持就會有反對，而品牌在議題上發聲時也就是在做選擇，端看這是行銷操作還是從品牌文化延伸的結果。另外一個例子則是，有企業品牌鼓勵員工利用假日去環保淨灘，而海洋環境保護也是許多人關注的事情，但有的品牌是以「支付加班費且不強迫」的方式來推動，有的則是在一開始選擇員工時就強調這是公司的價值觀，必須接受才適合來這樣的品牌任職。

1.6

數位策略的應用必須更謹慎

隱私權的議題越來越重要

事實上消費者從本質上的逐漸改變，更是品牌越來越難被記住的原因，當閱聽眾越來越只在乎跟切身相關及感興趣的內容與廣告時，其他的訊息就更容易被忽略。但當高度針對閱聽眾設計傳播的訊息傳達，更透過精準的溝通管道傳遞給他們時，卻又產生了個人隱私過度揭露以及資訊安全保護的矛盾問題。因為在正常情況下，消費者雖然需要這些資訊得以滿足問題的解決，卻也害怕自己其實是被過度行銷而產生這些需求，甚至是因為隱密資訊洩漏才讓品牌可以提供這些資訊。

像是當我們下載 App 後，跳出一個「要允許在您使用 App 時取用您的位置嗎？」的訊息確認，當點選允許就開始推薦你身邊附近的服務店家，就是依據個人位置為基礎的 LBS（Location Based Service）服務。有些消費者並不一定都使用網路吃到飽的資費方案，而是四處尋找開放式的 Wi-Fi 以便上網，這時有打開 WiFi 感應的手機感應周邊 wifi 熱點的存在，也會讓使用者的位置被主動掃描機制感。另外像是消費者使用電腦閱讀網頁後，會有一個儲存在使用者電腦上的小檔案 Cookie，用來存放到訪網頁上的偏好設定等資訊。而 Google 可以運用 Cookie 進行再行銷來放送廣告或追蹤成

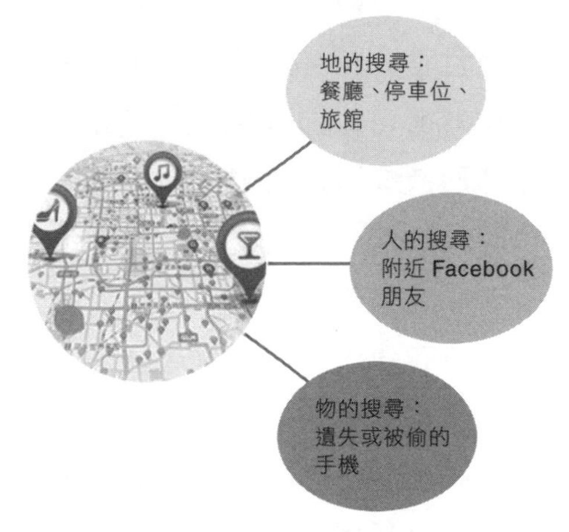

▲LBS（Location Based Service）服務應用圖

資料來源：王福闓整理製作

效，甚至能讓品牌針對曾有過搜尋或使用關鍵字、圖的消費者推播可能感興趣的廣告。

另外像是房仲品牌在 Facebook 下廣告後，只要你有意（或是無意）的點選了該則廣告，接著就會有更多的類似廣告一直出現在你的社群頁面上，原因就是 Facebook 根據消費者的社交狀況、過去點擊貼文、按讚粉專類型來制定廣告偏好，接著當品牌下廣告時 Facebook 就會根據這些條件來推播廣告給品牌所設定的客群。甚至在 2016 年還發生過美國的大學教授發現並且官方也承認：只要用戶開放 Facebook 麥克風使用權限，Facebook 公司便可收聽到附近人們的談話內容，但這只是想針對使用者所在的環境和行為分析，進行一項推動個人化功能的計畫。

消費者真的同意了嗎？

這時運用這些廣告來爭取曝光的品牌，乍看好像既然是客製化而且應該符合消費者需求，那就是好的數位溝通方式。但事實上消費者卻可能因為被這些其實沒有真正經過授權，或是不自覺當中同意而造成困擾的情況所影響，甚至因此對品牌產生了負面認知。最明顯的例子就是，當品牌期望消費者幫忙協助曝光，所以只要參加活動按讚粉絲專頁、打卡店家、標記朋友就可以獲得贈品或優惠，這時有的消費者是抱著嘗鮮的心情去體驗，但是當取得贈品或優惠後卻越來越多人立刻刪除貼文，甚至當離開店家後連之前的按讚都收回。這時我們必須面對現實的問品牌自己，是品牌越多曝光越好，還是用合適而且剛好的方式來讓消費者記住才是重點呢？

另外很多品牌喜歡嘗試用直播的方式來跟消費者互動，有些時候是結合網紅，有些時後則是公司自己同仁下海來進行互動，當然

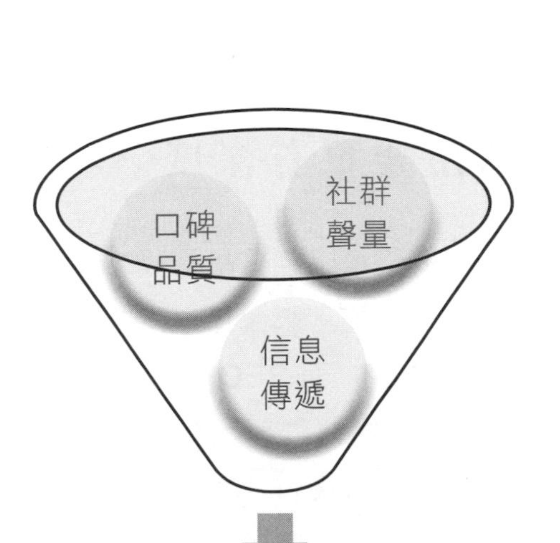

▲ 品牌數位內容元素圖

資料來源：王福闓製作

有些甚至是老闆本人。直播具有即時的回饋性，也能立即性的與觀看者進行問答的過程。如果一群人在直播過程開心的討論或是搶購促銷商品當然很有趣味性，甚至還能營造出集體消費的興奮氛圍，但若一個不小心擦槍走火，例如顧客搶不到優惠、直播時的用語太過激動導致擦槍走火，甚至競爭者刻意鬧場而導致負面事件。這種種在直播時發生的事件屢見不鮮，甚至也有因此導致品牌的危機，以及品牌與網紅之間的糾紛。

其實真正對品牌有偏好的數位消費者，在比例上多半都是累績一定認知資訊的既有顧客，所以這時提醒這群人品牌的樣子才是再行銷的關鍵。例如過去 A 消費者在選擇餐廳時已經經過一番評估後，曾在母親節帶家人去一家溫馨且餐點精緻的中式吃到飽餐廳。這時餐廳與其在母親節大打廣告招攬新客，更應該做的事就是針對曾來過的 A，提供耶誕節的品牌特別服務方案，或許只是幫母親唱生日歌或是準備一道祝賀的甜點，都能凸顯品牌原本品牌形象的特色。將訊息進一步設計成讓消費者願意在社群分享，而不是為了贈品而打卡，這樣才能真正使品牌的傳播有效傳遞出去。品牌數位內容必須將「社群聲量」、「口碑品質」及「信息傳遞」一併思考並加以串聯，才能到到完整的溝通效果。

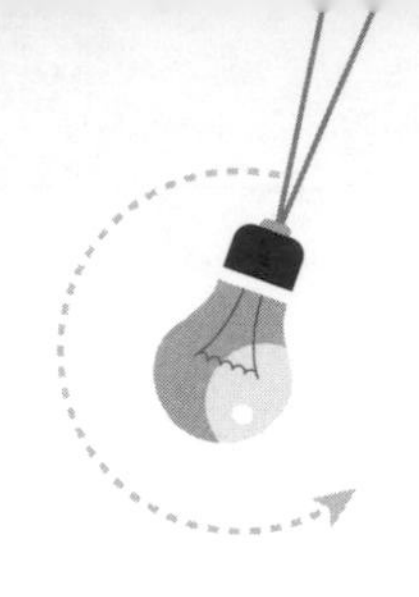

大數據的分析與應用要更有深度

不同推廣傳播手段也必須調整專案的架構，在分析階段若發現目標消費者主要是運用搜尋引擎尋找相關服務，那就可以先制訂傳播策略，從搜索競價和 SEO 兩方面來溝通，而 SEO 首先就要在網站規劃和建設時做好關鍵字分析佈局和網站內部優化。而數位推廣可以從單一傳播形式例如社群貼文、數位廣告、論壇推廣先切入，再延伸到像是搜尋 SEO 企劃及媒體監測，形成以品牌為主體核心的階段性整合傳播企劃，將各種數位傳播管道集中利用。

另外在數位行銷過程中，可以透過資料分析及判讀，將可以達成提升品牌數位行銷效率的目標，透過資料統計、分析、比對、解構和總結來進行大數據的判斷應用，也可以作為行銷人員進行策略規劃時的參考依據。這時品牌可以進一步的把在新媒體上的整合行銷傳播溝通工具獨立出來檢視，包含了透過其他新媒體平台得到的曝光管道與資訊內容，品牌經營的自媒體所長期溝通傳達的策略及成效，以及從品牌延伸而出的消費者社群反映成效。

品牌不可能期望所有的行銷溝通都一定能一次就達到預期的成效，更不可能在經營多種自媒體時都能面面俱到，甚至有時先透過知名的新媒體幫助自己建立知名度，再將內容連結在品牌自媒體身上。在不同階段思考不同的做法，並面對資源有限的現實以及競爭者的條件，才能發揮出最有效益的新媒體經營成效。撰寫數位行銷企劃方案必須先從策略與細節兩大面向來思考，達成特定目標，而構思、設計、規劃的過程，策略思考可以更多的創意及對未來的推論，但企畫執行的細節必須優先思考可行性。需要注意的是，在具體的數位行銷企劃方案執行過程中，不管前期考慮多周詳也一定有需要調整的細節。所以前期企劃、工作分配和執行監督控制都不能缺失，才能將數位行銷工作做好。

媒體項目暨經費說明表

<table>
<tr><th>媒體類別</th><th>媒體名稱</th><th>項目</th><th>單位／規格</th><th>單價</th><th>備註</th></tr>
<tr><td rowspan="2">電視媒體</td><td></td><td></td><td></td><td></td><td></td></tr>
<tr><td colspan="5">（1）包含無線頻道及有線頻道各種時段，限以檔購方式（購買電視廣告主時段搭配副時段，請註明時段，並需視各台屬性，標明主時段之時間及收視族群說明）
＊主時段：12：00 至 14：00、18：00 至 23：00 為原則，如因頻道屬性可作調整，但需就頻道收視提供相關資料佐證說明。
（2）需具備如各無線及有線台等不同類型之主要電視頻道的節目配合（播出語言得以國、台、客或英語方式呈現）。</td></tr>
<tr><td rowspan="2">平面媒體</td><td></td><td></td><td></td><td></td><td></td></tr>
<tr><td colspan="5">（1）報紙：至少提供全國讀者群廣度和閱報率最高的前四大報紙，包括廣告、專欄撰寫、廣編稿、消息稿、系列報導等，內容需能詳盡宣揚並說明內容，刊登版面之選擇需刊登於全國版面，如有刊登地方報之需求則另行說明之。
（2）雜誌：至少提供指定類別雜誌，包括廣告、插</td></tr>
</table>

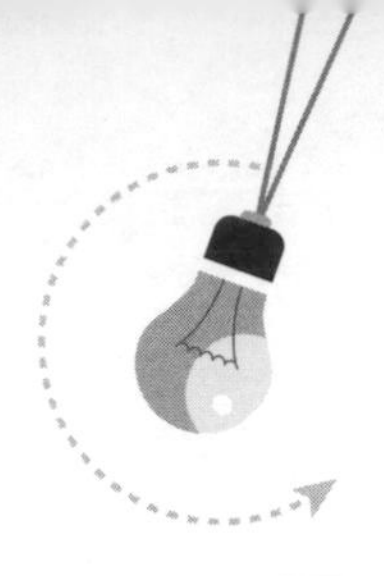

<table>
<tr><td></td><td colspan="5">卡特製、紙張加厚、書腰廣告及其他需購買之專題企劃。</td></tr>
<tr><td rowspan="2">廣播媒體</td><td></td><td></td><td></td><td></td><td></td></tr>
<tr><td colspan="5">（1）選項需含全國性、地方性電台，請標明主副時段及聽眾分析。
（2）其他購買之項目，新聞 / 節目配合（含專訪、節目、小單元、口播、整點報時、廣告製作等）。</td></tr>
<tr><td rowspan="2">網路媒體</td><td></td><td></td><td></td><td></td><td></td></tr>
<tr><td colspan="5">（1）高流量及高黏著度之入口網站、搜尋引擎，投放主動式置入性廣告，或購買其同等價值之廣告形式例如：Yahoo、Google 等。
（2）規劃影音行銷方式（如運用 youtube 廣告、Google 廣告、社群網站、行動聯播網特殊 LBS 廣告、網路懶人包製作及行銷、部落客行銷、App 廣告等）
建置每日資訊蒐集機制，範圍包括：各大網路新聞、社群媒體、影音與問答網站、BBS、電子布告欄、討論區、部落格等網路公開資料資訊。</td></tr>
<tr><td rowspan="2">其他媒體通路</td><td></td><td></td><td></td><td></td><td></td></tr>
<tr><td colspan="5">包括捷運（含北、高）、公車廣告、客運廣告、台鐵高鐵電視網、台鐵高鐵燈箱、機場燈箱、戶外看板、手機來電答鈴……等，所有戶外宣導媒體之規劃、設計、製作等。</td></tr>
</table>

資料來源：王福闓整理製作

其實很多公司在發展初期，常常為了生存所以很難用通盤式的思考，把行銷的需求和目的釐清，並決定投入的行銷預算。而數位整體行銷的規劃更必須一次通盤性的思考。若是公司在一年的期間，因為生存的需求或產業的淡旺季週期而必須做促銷，那適合「年度促銷規劃」；若是針對單一主題像是新產品上市及品牌再造的整體溝通，則適合「整合行銷傳播」。而除了這兩個以行銷為主的面向外，若是考量到公司在人員教育訓練的投資、軟硬體設備上的更新效益，甚至是品牌資源的重新配置，能夠讓公司走得更長久並且能面對未來挑戰，就適合「中長期營運計畫」，年度行銷計畫則是促銷規劃與整合行銷傳播的上位策略，數位行銷則可依循年度規劃的大方向來決定。

傳播企劃跟促銷企劃有本質上的不同，就像整合行銷傳播的規畫通常牽涉傳播工具層面，所以就算是外商或大型本土企業很多也必須倚重廣告集團或顧問公司的協助來規畫與執行。但是年度促銷規劃的工作在過去漫長的職涯中，中階主管就應該具備這樣的能力，尤其是在零售通路端。從行銷的面向來看，年度規劃大概有六個必須思考的關鍵面向，以下是重點內容的說明。

1. 策略是年度行銷規劃最難的一件事，但只要掌握「全面性」、「系統性」、「獨立性」及「定期性」的稽核標準，也就是策略的思考範圍必須全面，不同主題的行銷活動必須有前後關聯，各自行銷活動可以獨立產生效益，以及每個活動及年度年行銷規劃都要有明確的起始點。
2. 行銷效能的檢討是決定年度行銷規劃的關鍵，像是在為什麼要在母親節或父親節做活動的「顧客價值檢視」，活動執行時公

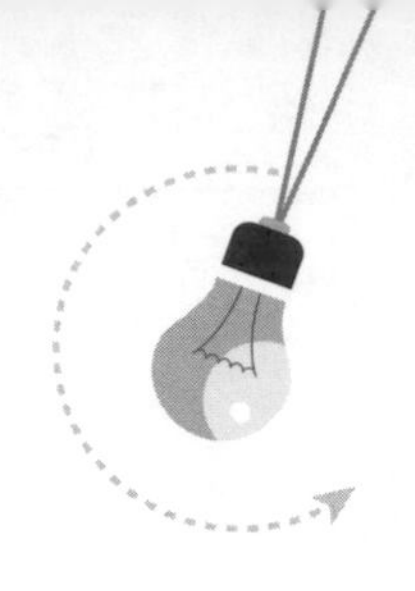

司的「組織整合能力」，或者像是是否擁有足夠的行銷環境分析資訊等，也是在下一個年度規劃前必須檢視去年度的重點項目。

3. 年度計畫控制是行銷活動是否能成功的細節戰爭，對執行情形進行評估並適時調整，才能確保年度行銷計畫的有效執行。在控制上可以採用「銷售分析」、「市場佔有率分析」、「行銷費用比率分析」及「品牌價值調查」等作為指標。
4. 因為是年度行銷規劃，利潤力控制當然相當重要，查核各項行銷活動盈虧來源判斷獲利，前提就在於各項行銷工具與檔期的投入與產出。像是在耶誕節檔期可能除了實質的獲利，更重要的是搶下品牌在同產業的話語權，但是在周年慶可能就是公司全年 1/3 的營收來源。
5. 年度行銷活動的規劃首重於時機，前提必須事先分析產品的淡旺季變化。其次，為達成公司年度營業目標，在目標管理運作下，必須先將一整年的目標訂定出來，再分配至月目標，逐月累積績效而成。為了有計畫性的追求各個月份（主要檔期）的成效，除了設定銷售目標外，也要針對季節、節慶及新產品推出因應的因素來思考，甚至是人員訓練的需求，再分別擬定不同的主題行銷活動。
6. 年度行銷規劃的企劃書重點：
   A. 分析影響品牌的內、外部影響條件
   B. 策略的擬定先從整體再去區分單項工作
   C. 稽核與溝通有關的支出
   D. 確認品牌的所有接觸點
   E. 確認效益達成與掌握整體進度

1.7

【案例一】
K 品牌
FB 秀頭貼比賽

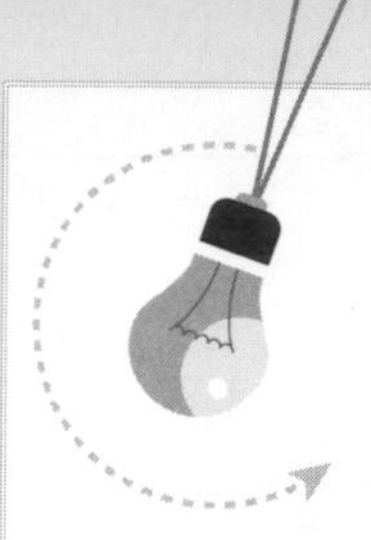

類　　型：品牌互動活動推廣

推廣目標：通過活動提高品牌形象，提升品牌美譽度。

執行時間：2020 年 10 月至 2020 年 11 月

特　　色：本次活動結合 FB 社群操作，進行消費者秀頭貼大賽。來增加對萬聖節的參與興趣，並結合品牌的創新象徵物，讓消費者成為品牌的擴散者與支持者。

策略制定：

- 萬聖節是近年來新興的節慶活動，各大品牌更是借勢行銷，力求在節慶時增加消費者的記憶度與參與度，在眾多競爭者中嶄露頭角。
- 創建活動頁面，實現透過手機、電腦等不同設備均可線上參與活動的目的，作品由使用者端展示，使用者的作品還有機會保存到用戶端，作為 FB 頭貼形象展示於好友面前。
- 結合多元化的傳播資源，全面立體的自媒體行銷傳播資源，橫跨 FB、Instagram、官方網站活動頁面及新媒體的公關宣傳，各點擊破目標受眾群體。

活動概述：

- 人人都是設計師，創作萬聖節個性頭貼，網友可以在官方網站的線上活動頁面，運用 AR 製作自己的專屬頭貼，體驗虛擬的頭貼設計樂趣，透過活動平台可進行衣服、背景、臉及新設計的品牌象徵物的搭配設計。同時 K 品牌產品也化身時尚元素融入活動中，使得酷炫的創作簡便易行。
- 活動作品開發自訂保存許可權，個性創意無限展示，突破 FB 一般只能更換頭貼的體驗限制，完成創作後將作品保存為自己的虛擬形象到用戶端。品牌元素成為使用者個人形象的象徵，深入用戶日常在線生活溝通過程。

- 啟動多平台關係鏈傳播工具，口碑效應效果驚人，活動設置好友邀請環節，成功邀請好友參與活動的即可獲得額外的頭貼版型，引發用戶人際關係傳播。

執行細節：

1. 用戶進入活動網站登錄註冊活動。
2. 頭像版型 DIY，背景、臉型、髮型、配件、產品都可以自由搭配。
3. 完成後先上傳於活動頁面後，即要求進行使用者 FB 頭貼更換。
4. 更換後使用者可以自行在 FB 上貼文，依照指定文字分享並引導其他使用者到活動頁面投票。
5. 有推薦其他使用者的可獲得額外版型與配件。
6. 活動以網友投票數量作為評獎標準。用戶將獲得由筆記型電腦、手機、現金禮券等的獎品。
   - 大獎（1 名）：票數最高的用戶獲得筆記型電腦一台
   - 二獎（3 名）：票數 2 ～ 4 名的用戶獲得手機一台
   - 三獎（5 名）：票數 5 ～ 30 名的用戶獲得現金禮券 300 元
   - 幸運獎（500 名）：從提交作品使用者中 500 名幸運用戶獲得商城購物折價券（買 1000 折 100）

網路社群推廣：

1. FB 系列貼文

   預計 7 篇貼文，包含活動介紹、重點推播及投票戰況說明，含一則影音直播。

2. 網路新聞發佈

網路新聞撰寫 5 篇，發佈 10 家社群新媒體上，預計轉載網站達 25 家以上。

3. 社區論壇發帖

論壇稿件撰寫 3 篇，發佈連結 5 次，其中熱帖 3 篇，點擊量 320 萬。

4. 活動頁面建立及維護

1.8

【案例二】K 品牌二手玩具網品牌識別更新技社群溝通企劃

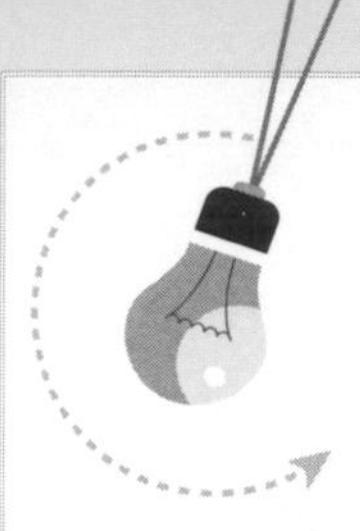

◆ 現有品牌識別問題分析 ◆

K 品牌二手玩具網現有標誌存在如下問題：

- 產品品牌名稱與組織品牌名稱關聯性不夠高
- 品牌名稱不能準確傳達品牌的核心理念
- 品牌標誌圖形過於複雜
- 社群上認知度不夠且有誤解的消費者

◆ 問題解決建議 ◆

1. 為現有的品牌溝通元素增加一個品牌標語，使 K 品牌二手玩具網通過新媒體溝通，補充之前品牌識別的傳達不足，並且準確的傳達「K 品牌二手玩具網」的品牌理念。
2. 運用社群強化 K 品牌二手玩具網的產品品牌名稱及品牌標誌與組織品牌名稱間的關聯性，並同時一致性更換新版的品牌標誌。

◆ 品牌溝通目標 ◆

1. 建立為所有二手玩具賣家提供全面且容易操作的電子商務解決方案品牌形象，從資源分享，採用策略聯盟政策的理念出發，同時借勢宣傳 K 品牌二手玩具網。
2. 溝通品牌核心理念在於建立集約化類比服務平台，容納各類商家二手玩具賣家，使其成為獨特電子商務網站中的前三位，同時肩負教育市場的職能，讓消費者能更了解經典二手玩具的故事及意義，並且願意信任 K 品牌二手玩具網的電子商務新模式。
3. 適時的進行 K 品牌二手玩具網及創辦人的包裝，並建立健全危機公關意識與媒體輿論監測。

◆ **新媒體溝通策略** ◆

1. **策略方向**：以數位廣告建立品牌認知，運用整合傳播策略，先加強K品牌二手玩具網在新媒體上的曝光率，迅速打造並提升K品牌二手玩具網品牌新形象，在目標受眾中提升知名度、認知度。同時運用品牌自媒體規劃一系列活動掀起消費者及二手玩具賣家討論浪潮，在活動中尋找願意加入平台的會員，提升市場佔有率，活動貫穿整個推廣策略配合促銷宣傳佔領市場。

2. **溝通時間**：
   - 品牌推廣期2020年9月～10月：擴大社群知名度，吸引大量使用者並使目標客戶嘗試，在二手玩具賣家引起關注，並將品牌標語、品牌名稱和新品牌標誌不斷強化在新媒體環境當中。
   - 品牌提升期2020年11月～12月：透過成功案例鞏固現有二手玩具賣家，同時加強末端消費者的忠誠度，並加強內部服務系統的建設，以解決細分市場的客戶需求，並且達到K品牌二手玩具網新品牌識別整體溝通的具體成效。

3. **網路廣告策略**：讓大眾知道K品牌二手玩具網是二手玩具賣家較好的選擇和平台，同時強化新品牌識別元素的整體傳遞，並運用網路廣告訴求及展示K品牌二手玩具網品牌理念。

4. **社群策略**：
   - 集中在自媒體，主要在教育市場，由淺到深的分析K品牌二手玩具網在未來商業領域的主要地位。
   - 配合新品牌識別的溝通內容，與合適的社群意見領袖合作，分享創辦人理念及構想，增加品牌及可信度，並分為「趨勢類（結合議題）」、「品牌識別與理念類」以及「成功賣家案例類」。

品牌再造
的真心話
2

2.1

使用者的數位體驗，別讓客訴毀了品牌

這難用的介面怎麼來的？

消費者除了在實體環境中購買及使用商品及服務品牌時，會從中判斷是否符合期待，或是在過程中有沒有感受到可以更多改善的流程外，也會從數位環境中挑選自己便利的接觸點來解決需求。像是透過電腦使用購物平台的網頁下單，或是運用手機、平板內的 App 來閱讀新聞資訊、看影片、玩遊戲，或是叫車、叫外賣，甚至還可以進行金融服務、股票下單。但不論是媒體、銷售通路甚至是銀行、遊戲廠商，對於消費者在數位環境中的使用模式和需求常常沒有清楚了解，甚至常常因為某些問題造成了品牌的危機。

當然品牌不論如何監測、調整及設計，都不會讓所有的使用者都滿意，像是有的消費者期望能在品牌的官網上有比價功能或是直接買到最便宜的商品，另外也有消費者喜歡品牌的 Facebook 上各種完整的品牌資訊都能看到，但卻受限於 App 介面常常更新調整而感到不滿。使用者體驗的過程與介面的設計確實是一定的投資，除了避免負面的體驗出現外，品牌更要懂得取捨以免貪多也過失多。就算有的功能沒有、有資訊無法都呈現，但品牌至少做到在一個以上的自媒體或數位工具上，能讓閱聽眾清楚的認識品牌完整的形象與面貌。以下是「數位內容與媒介應用型態圖」，在內容形式上可利用：文字、圖片、聲音、影片及互動動畫，而可以透過自媒體、直播、短視頻、社團、AR/VR 及論壇等數位媒介來傳遞。

越來越多的品牌除了自媒體外，還包含了網站、App 甚至其他品牌接觸點的經營，最常提到的就是 UI 使用者介面（User Interface）及 UX 使用者體驗（User Experience）的問題。UI 主要思考的是如何設計頁面上的功能、顧及使用者的便利性與整個網

站的美觀性；UX（User Experience）使用者體驗則是根據使用者的習慣，規劃整個網站頁面的內容並加以妥善安排，有時消費者好不容易有興趣，卻因為難以使用的頁面導致無法完成交易，甚至造成客訴反而得不償失。

滿足需求和過程愉快一樣重要

像是一般消費者會先透過搜尋引擎來查找相關的關鍵字或品牌資訊，搜尋結果常出現的正面訊息可能是媒體報導、網站頁面、粉絲專頁、部落客口碑內容以及特定聯播網資訊。但若是過去品牌官網沒有將明確的組織品牌資訊放入網頁溝通，像是品牌理念、品牌願景及品牌故事，就應該特別改善凸顯品牌的無形價值。而產品及服務品牌也可將不同的品項品類分開溝通，甚至持續從後台關注消費者使用的路徑來是適時的調整版面。另外，在品牌官網中也可以將經營在不同平台的自媒體加以串聯，另外像是設立品牌溝通的媒體專區，將媒體的相關報導資訊、部落客合作以及企業社會責任的相關資訊放入，方便社會大眾認識了解品牌。並且要思考在不同載具上的使用介面，以及閱讀使用習慣的不同而調整甚至考慮響應式網頁的設計。

有些品牌網站喜歡做的花俏，例如拉式功能表或是動態的flash，過去新潮的玩意卻可能造成現在SEO的困難，導致消費者無法透過搜尋引擎找到對應的關鍵字或圖片，而且也影響網頁瀏覽的速度。另外優化設置欄目的中心導覽、組織網站獨特內容的特色導覽，如最新文章、精華文章、推薦閱讀等，以及頁面內容相關的連結的相關導覽，可建立方便使用者可以看到的網站地圖，這樣既整合網站連結，達到優化內部連結的目的，又可以方便使用者瞭解網站結構。另外在活動頁面上也有了更多元的應用表現，像是 AR、3D 運用甚至搭配設備的 VR 體驗。

因為手機平板的使用成為消費者生活中的一部分，智慧型裝置之所以讓人欲罷不能，就是因為不再受限內建的軟體，透過 App 的下載，擴充來無邊的境界。近幾年幾乎提到數位行銷，都會有公司思考：「我們需要一個 App 嗎？」也因為 App 的技術和設計門檻不高，從過去動輒 3 ～ 50 萬元到現在 10 萬以內也有機會，衍生的新問題是「我們的 App 真的有人用嗎？」以及「大家喜歡我們的 App 嗎？」在這個社群時代，品牌 App 本身可以具備更多與顧客溝通與互動的機會，但人因介面、資通安全、營運模式，依然是 App 是否仍受到使用者青睞的重要考量。

新媒體載具的工具設計更不容易

有些品牌的 App 可以說是與消費接觸的最重要管道，尤其是在功能上以及使用上，顯著和網站使用不同，甚至已經取代了網站的使用，自然品牌形象及行銷活動就必須考慮到消費者的體驗過程與評價。有些品牌則是期望將 App 作為行銷活動的一環，透過使用者參與，甚至是取得優惠、虛實整合、以及維持顧客關係。就算沒有 App，消費者仍在實體店面或公司取得服務。筆者這幾年一直在觀察特定品牌的 App 在蘋果系統上的發展，並以 App store 的前 200 大免費排名為基準，可以發現許多知名品牌的 App 其實有相當多的負面評價，甚至於這些品牌在其他媒體或是實體的使用者經驗和形象落差甚大。從評價分享，這類的品牌 App 被抱怨的

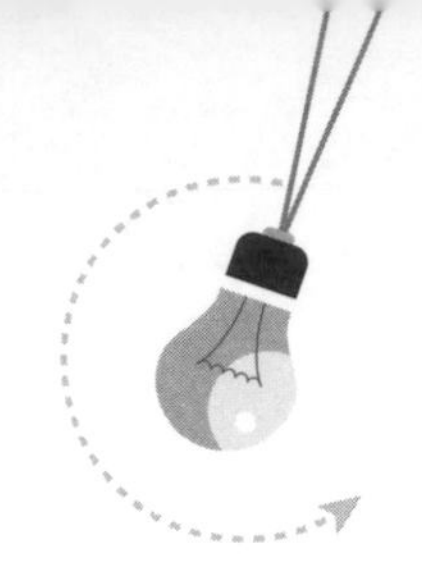

原因，主要來自於以下三項：

1. 過多的功能和操作不流暢
2. 特殊的限制及綁定條件
3. 對品牌期望太高

App 的應用中，搜尋引擎可以說是最早被使用者廣為應用，所以 Google 跟他的家族 App 自然也在前 200 名。有趣的是，居然有超過 5 個以上均為高分，但點入使用者建議時，卻又可看到部分的內容則是對使用上稍有不滿。同樣的狀況在 104 人力銀行及 Yahoo 信箱也有類似情況，只是就算使用者雖有抱怨，但品牌經營夠久，之前累積的高分尚能支撐。另外像是因為 FOX+ 必須綁特定電信業者、台灣高鐵的付款方式、以及麥當勞歡樂送的訂餐流程，以及無印良品的定位設定和星巴克的訊息設定等也是被消費者抱怨之處。有趣的是，這些品牌在生活中普遍評價並不差，尤其是在實際消費經驗中，屬於服務或提供商品較其他同業屬於較高價的。但比較特殊的是麥當勞報報，雖然是屬於品牌推廣型的 App，但卻因為仍然因為操作介面問題，而無法達到正面期望。

另外像是社群平台類的品牌 App，可以說是依靠行動裝置而壯大，在使用者的需要不容易滿足下，不斷推出更新版本自然是必須。但從 App 本身的評價來看，縱然是免費使用，使用者仍然是相當要求。例如：Facebook 的帳號登入、LINE 的貼圖消失、微信的過度廣告、以及被抱怨多餘的 Facebook 社群管理 App。但是在一片混亂的戰場，卻可以發現 instagram 雖然也是眾多使用者給予建議，但多半是正面鼓勵，也多半給予較高評價。另外像是政府單位品牌常常因為不同需求，而建立了眾多的 App 來進行政務的溝通與便民，卻也因為沒有善加溝通及更新，也導致有些的利用率不佳。

購物平台類的品牌 App 可以説是現代人在成為剁手消費族群的最大推手，過去電腦購物時代，上網、選購、掙扎、結帳……等收貨。雖然速度一直是重要的考量原因，但當各家都差不多時，導購流暢度與優惠方案更是影響消費者。但原本的網頁轉變成為 App 時，消費者的耐心也更少了。例如：露天跟 PChome 的更新速度，以及 App 不及網頁好用。快速崛起的蝦皮，獲得較多的正面支持與評價，或許跟長期補貼政策與社群經營有關，但近幾次的大型促

資料來源：https://www.taichung.gov.tw/10179/10242/

銷活動導致使用流暢度降低，也有了越來越多了負面評價。筆者將品牌應用 App 的策略分為以下 6 點，以供品牌業者來思考該如何改善或營運品牌 App 的方向。

1. 先界定品牌的 App 是功能導向、溝通導向還是最終接觸點。
2. 品牌需要事前規劃 App 的短中期發展目標及投入資源。
3. 使用者的經驗是 App 的改善方向，卻非唯一考量。
4. 單一 App 不應過多功能，但同一品牌數個 App 也會增加營運難度。
5. 社群的效果從下載 App 前就開始發生，必須一併納入規劃。
6. 適度加入創新元素更新 App 相當重要，但太頻繁則惹人反感。

除了品牌 App 之外，當你的消費者還是習慣使用網頁購物，或者查詢相關資訊時，那品牌的網站規劃及調整也成了重要課題。透過事前的 UX 調查像是問卷調查、焦點團體甚至更深入的消費者訪談、眼動追蹤（Eye Tracking），獲得消費者及潛在使用者的習慣分析及心理需求，才能將品牌網頁更符合 UI 的去調整像是版面配置、顏色與圖文比例、字型字體大小應用。若是還有結帳購物的需求，還要考慮如何讓消費者願意流暢的順利清空購物車。

機器人是幫助解決問題但不是萬靈丹

不過既然進入了社群時代，就代表越來越多的消費者其實雖然只是把社群當作交際娛樂、獲取資訊的平台，但也有不少人開始在上面完成消費購物的行為。像 Facebook 一直持續地推出以購物為導向的服務協助品牌及消費者，雖然之前單純的 Facebook 廣告詐騙事件層出不窮，但認真想想為什麼可以這麼流暢的完成交易？從某方面來看可以說是在流程設計上相當便利啊！因此正正當當的品牌，當然更要把自己的數位服務體驗做好。

像是透過 Facebook 的 Messenger 即時通訊功能，讓有興趣的消費者在對話視窗裡即時與機器人程式對話，幫助他們尋找到想要的商品，或是即時回應初步的問題，這樣可以幫品牌建立與消費者間的一對一關係。但有時也要考慮到目標客群的實際需求，若是每次與品牌聯繫時都是機器人程式回覆，甚至沒有真人客服回應，那久而久之消費者也會感到失望。更不用說有些品牌因為對於社群的輕忽，當消費者或者是對品牌有興趣的大眾透過 Messenger 傳訊息給品牌時，有的根本沒有人讀取或是已讀不回，這樣都會讓消費者的數位體驗觀感相當不好。筆者做過一個約 300 個品牌粉專的測試，台灣的品牌居然高達七成對於訊息是不予理會的，可見在這部分還有相當大的進步空間。

透過社群的聊天訊息，品牌系統化了與消費者間的互動，對話時所呈現的內容可以應用圖文互動、流程引導及輸入關鍵字等方式，將消費者常詢問的問題以及可能需要的答案，快速的回覆以節省雙方的時間，還能直接做出因應連續問題的不同分別給予回覆建議。另外像是在 Facebook 貼文中可以設計直接點擊按鍵「連絡我們」後，就進到訊息回應、表單填寫甚至直接完成下單購買。另外還能針對曾聯繫過的消費者再行銷，主動推播預約或即時發送對方可能會感興趣的訊息內容。另外則是在貼文需要使用者留言關鍵字，當系統接收到關鍵字後就會針對留言者傳送訊息，例如提供免費下載的簡報、或是參加活動的序號等等。

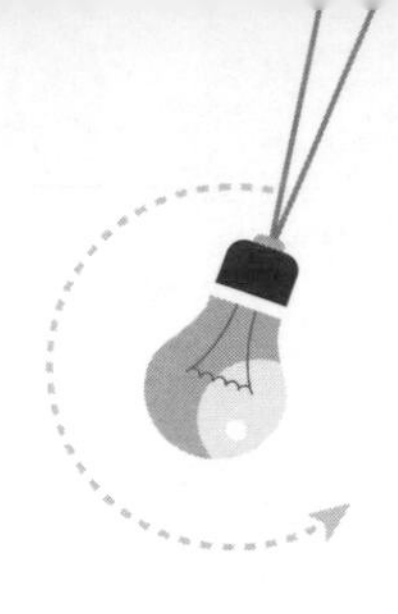

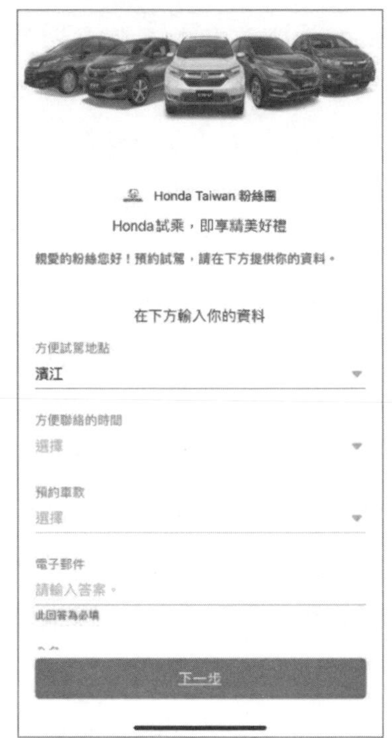

對於品牌來說，顧客的數位使用需求及關係管理，可以透過資料採擷在一定規則下的海量資料運行，並找出未曾思考過的業務機會，以及避免潛在的風險，並且基於整體經營目標構建關鍵業務指標的預警模型。在各種數位環境的平台中，通過交互系統累積顧客交互資訊，並且將各類交互資訊進行跨系統整合。系統整合後的顧客描述和行為記錄構成完整消費者輪廓的顧客標籤，最後將資料所反映的經營情況盡可能以直觀的視覺化圖形表現出來，做為持續監測與分析改進的參考。

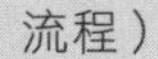
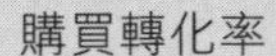

發展階段	階段重點	解決問題
理解階段	市場調研	品牌、產品及服務、定位
接觸階段	網站建設	使用者體驗（UI/UX、購物流程）
溝通階段	行銷推廣	流量及轉化率、消費數量及購買轉化率
營運階段	運營管理	銷售額、成本、毛利率、單個客戶獲取成本、二次購買率、客單價
形象強化階段	品牌形象	品牌認同、品牌偏好
關係維持階段	關係管理	數位資源整合及管理

▲ 品牌數位運營 6 大階段

資料來源：王福闓整理製作

2.2

自己都看不下去
的品牌形象
還能撐多久

長的漂亮的品牌更吃香

有些時候，品牌在建立之初受限於資源、能力及知識，如何讓消費者能識別出屬於自己的品牌其實相當不容易。品牌識別不只是設計得好不好看，背後的內涵意義牽涉到許多層面，若是一開始就只是為了讓大眾知道或是認識，但實際上卻與品牌其他元素後續的溝通產生斷層問題。另外則是因為品牌存在時間已久，過去的符號與資訊對於現在的消費者已經沒有太多印象，甚至當時的概念也與現在社會脫節，這時就得面對現實去思考，是否要做出調整。

在王福闓著作《獲利的金鑰：品牌再造與創新》一書中，將品牌識別相關概念整理成「品牌識別系統環狀圖」，主要的品牌識別項目包含品牌名稱、品牌標誌，也就是原則上所有品牌不論是組織

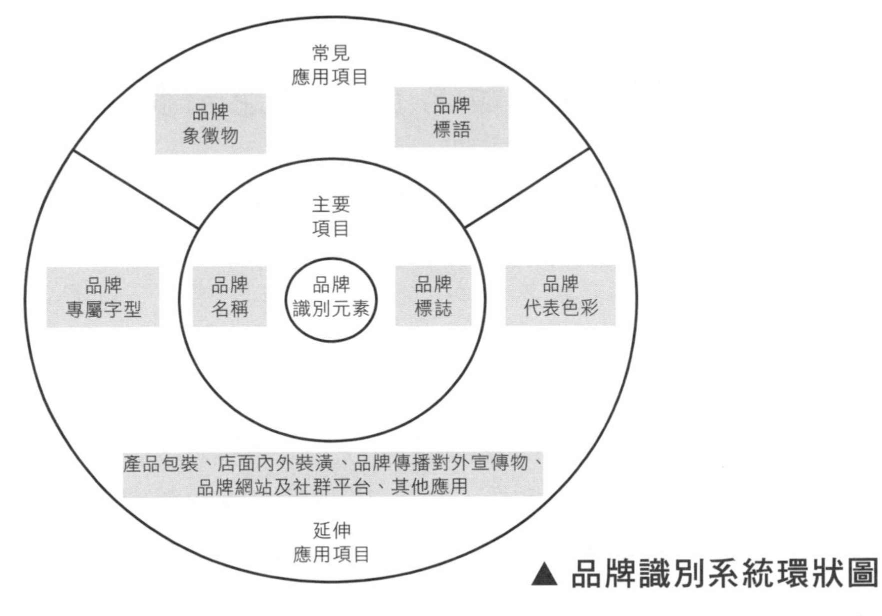

▲ 品牌識別系統環狀圖

資料來源：王福闓《獲利的金鑰：品牌再造與創新》

還是產品及服務，都會使用到的。應用項目包含了品牌象徵物、品牌標語、品牌專屬字型、品牌代表色彩及其他項目，並非所有的品牌都會使用，但是可以依照特定的品牌需求加以應用而達到與消費者溝通的效果。

品牌識別的問題有的時候是單點而且細微的，也有的是全面甚至是根本的。例如一個品牌經營了多年，但消費者對於品牌的名稱要不就是念不出來或是覺得怪異，或者是始終搞不清楚這到底是組織的品牌名稱還是產品及服務的名稱，甚至有什麼特別的含意。品牌標誌也是一樣，多數的消費者能大致認出是哪個品牌的標誌已經不錯，但若是有多個容易搞混的品牌標誌，或是很難記得或是運用在實體及數位環境，都是現在的挑戰。更不用說醜陋的產品包裝、陳舊的實體店面、讓人驚嚇的品牌象徵物，甚至是毫無內容章法的品牌自媒體，都是造成品牌識別影響消費者遠離的原因。

當初的品牌命名真的沒想清楚

有的時候在品牌草創之初，給取組織品牌的名稱時，長輩給了一堆建議、身邊朋友還出了不少主意，但其實都不是經營者真心想要的，不過想說企業品牌名稱很少會用到所以就接受了。可是等到在給商品品牌命名時，更是東抄抄、西模仿，根本連自己都記不起來。但這事情是少數嗎？以當年最有名的例子來說，85 度 C 咖啡當時以「咖啡在攝氏 85℃時喝起來最好喝的意思」來命名，創辦人吳政學也以此作為品牌名稱，希望 85 度 C 的品牌精神是將最優質、最美味、超值的產品呈現給顧客，也期待消費者能感受到品牌所帶給的甜蜜幸福感動。但當時不少業者只是為了模仿抄襲，有人取了「8.5℃」、「80C」，後來還有對岸業者取名「58 度 C」賣奶茶。

這些想用類似品牌名稱混淆視聽的經營者，或許真的很欣賞原來已經成功的品牌，但是取了這些混淆視聽的品牌名稱並不會讓消費者更認同、更欣賞，反而可能讓自己惹上官司。品牌名稱就像每個人的姓名，而且更具專屬性，背後需蘊含的意義也可以更深層、更有價值。雖然有些類似品牌名稱真的只是巧合，而且所在的產業類別領域也不同，但更重要的是如何詮釋自己的品牌名稱，並且透過溝通讓社會大眾認識。

另外有時在替組織品牌命名時，或許只是單純想從販售的產品及服務角度出發，卻沒有思考未來在數位環境中可能要進行溝通的難度。例如以下幾個從經濟部商工登記公示資料查詢服務中，以「咖啡」作為組織品牌的例子：咖啡瑪食品有限公司（解散）、咖啡紅有限公司（解散）、咖啡樹有限公司（解散）、咖啡鄉事業有限公司（解散）……等等，這些掛著咖啡相關的公司品牌名稱縱然一看就知道應該跟咖啡產業相關，但到底又是為了什麼取這樣的名稱，消費者又能了解背後的意義到什麼程度，都是相當大的問題。

可以看的品牌標誌不一定能被記住

有趣的是，在數位時代興起後，越來越多的品牌為了能讓消費者容易辨識，而簡化了品牌識別的設計。例如像星巴克的品牌標誌是出自雅典神話的人魚，設計時則是運用了 17 世紀的版畫風格。自從 1971 成立時的上半身裸體人魚，經過不斷的簡化直到現在只強調臉部特寫的設計方式，甚至將品牌名稱及產品項目都從設計中

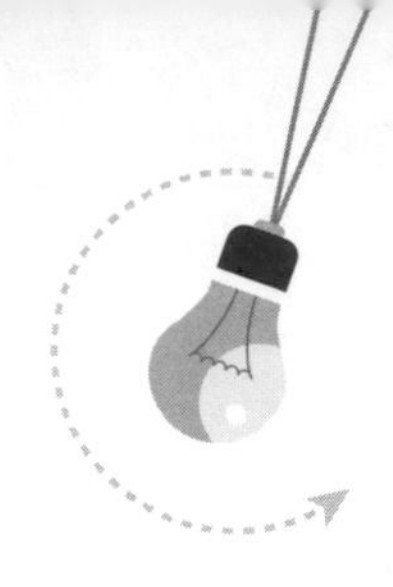

資料來源：
https://thedesInstagramninspiration.com/blog/2018/01/03/the-evolution-of-the-starbucks-logo/

移除。雖然有人還是會認為，當初的設計很有風格而且獨具意義，但是在數位環境中要能讓實體店跟數位媒體能夠使用這個素材而且一致，還要讓消費者能夠記住大致的輪廓才能產生長期認知，那簡化品牌標誌則是最快的選擇。

從數位環境的發展來看，品牌標誌或許不一定只有簡化這一條路，但是過去有些品牌的標誌不但因為沒有明確的設計規格，或者在使用時的限制規範，有時只有用在實體製作物上的時候，還能維持一定的樣子。但在網路上常常發生標誌變形、變色甚至不完整呈現，以及是否需要跟品牌名稱完整出現才能讓消費者記得，都是越來越重要的課題。因此也有些品牌直接將品牌名稱轉化成品牌標誌，不但在記憶度上了累積提升，更可以方便統一規範。有的時候當品牌一下出現品牌名稱加上品牌標誌，一下又只有一個出現，甚至有時連品牌自己都不知道應該如何累積消費者對品牌的一致性印象，那又如何期望消費者記住甚至有興趣了解背後的意涵呢？

越長越怪的品牌象徵物

在數位環境中，透過視覺來讓消費者產生記憶時，品牌象徵物確實是一個討喜的選項，設計的可愛、有趣的品牌象徵物，不但可以設計成像是店面的實體擺設，也可以在社群上作為另一種拉近與消費者距離的品牌溝通元素，像是統一集團的「OPEN 小將」，不但在 Facebook 社群上擁有 67 萬的粉絲，而且只要是以 OPEN 小將家族舉辦的活動像是 OPEN 大氣球遊行，OPEN 小將大氣球路跑甚至是 2015 年上映的真人動畫電影《OPEN ! OPEN !》，不但是拉近了統一集團與年輕消費者的距離，更成為了品牌的 IP 知識產權（Intellectual Property）延伸。

但也有不少品牌象徵物實在是不太討喜，或是看起來沒有獨特記憶點，但最糟的還是因為在運用象徵物上沒有清楚而且具體的規

資料來源：https://news.tvbs.com.tw/life/1248903

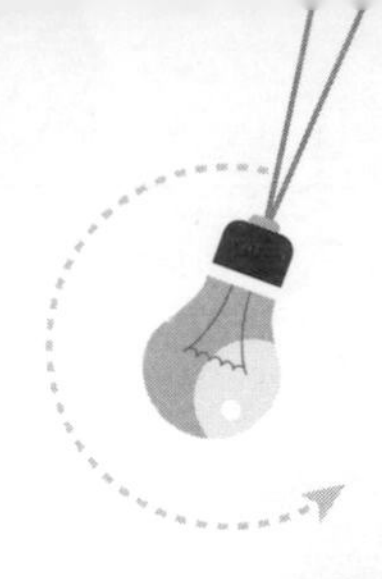

資料來源：https://www.yurugp.jp/jp/vote/detail.php?id=00002232

範，變成了品牌資源的浪費甚至汙點。這麼說雖然很殘忍，但其實台灣相當多企業都曾將象徵物製作成實體的玩具公仔，有的看了老半天還想不起來是哪家的品牌象徵物也就算了，但做的醜又失真，那可真是品牌的惡夢。像是有的銀行品牌會製作象徵物的撲滿當作贈禮，可愛的話確實還能增加品牌的正面形象，有的卻只是穿著制服的人像，消費者拿到了常常哭笑不得。還有的是品牌從來也沒認真溝通過自己的品牌象徵物，卻幻想能夠像哆啦 A 夢、寶可夢一樣能創造商機，真的可以說是在做夢了。

在數位世界中上相的包裝和店面就是好行銷

至於實體產品品牌當中的識別問題，最常讓消費者感到無法接受的或是產生品牌價值落差的應該就是產品包裝了。有時價值數百元的手工肥皂，卻用粗糙的玻璃紙包著甚至沒有品牌識別的外包裝或是可供贈禮的盒子或提袋；或是明明是需要方便保存重複拿取的食品，卻因為沒有考量到使用夾鏈袋而造成消費者不方便。更多的是設計不美觀的飲料瓶身標籤、印刷不美觀的外帶餐盒盒子，以及綁都綁不緊的外帶湯麵塑膠袋。或許環保意識抬頭，所以對於產品品牌的包裝不一定是強調只能精緻美觀，或是昂貴的材質及一層又一層才叫做有價值，但至少要能符合品牌的整體形象，以及消費者使用的實際考量。

但對於產品品牌的包裝該怎麼設計才能傳遞品牌期望的形象，又能符合消費者使用需要，不是單靠品牌內部人員想破頭就能解決。確實的去思考消費者在過去使用產品時的「痛點」，進而結合符合品牌形象與價值的外在設計，才能讓產品品牌獲得加分。就像前陣子因為減塑政策所以不提供吸管的問題，有的品牌會為了符合法規及品牌形象，重新設計盛裝容器、杯口及飲用的輔助用品，但卻也有品牌只是偷懶的要消費者撕開本來的封膜就可以使用。結果造成了兩種負面的情況：封膜撕了老半天撕不開結果消費者生氣、為了讓封膜好撕結果調整封膜機器設定，造成有的消費者外帶還沒飲用就外露出來，然後消費者又生氣了。

還有的則是實體與虛擬間的認知落差，在社群上呈現出充滿文青感的照片搭配小清新的文案描述，但店內的裝潢卻是陳舊又讓人不舒服，或者是好不容易裝潢而且更符合品牌再造的定位形象，但是消費者一上網搜尋卻只找到一堆過時而且沒有吸引力的 Google map 照片，以及多年未更新的官方網站。品牌識別的元素是消費者對品牌外在產生記憶點的重要訊息來源，但當品牌開始進行再造時，如何讓新舊元素的更換以及數位與實體之間的品牌形象一致，也成了品牌識別上的問題。甚至是在品牌對外的郵件、PPT 版面及任何能代表品牌的數位工具，都可能要注意相同的問題。

很多品牌其實都知道自己的品牌識別有一定問題，但是卻很少將應該要有的規範一致性的製作成品牌管理手冊，而過去的管理手冊更是極少將新媒體所可能用到的識別有系統地思考並納入管理。或許是時代演進的太快，讓品牌還來不及思考怎麼讓消費者可以更多認識自己，就必須面對多元化的溝通方式及接觸點。但是當在每個接觸點上的訊息是混亂不一致的品牌識別呈現，或是本來就必須調整修改才能讓消費者喜歡的品牌識別元素，那或許可以利用機會好好的一次整頓。

資料來源：https://www.Facebook.com/greeninhand/

2.3

交易和交換，品牌在乎的是什麼？

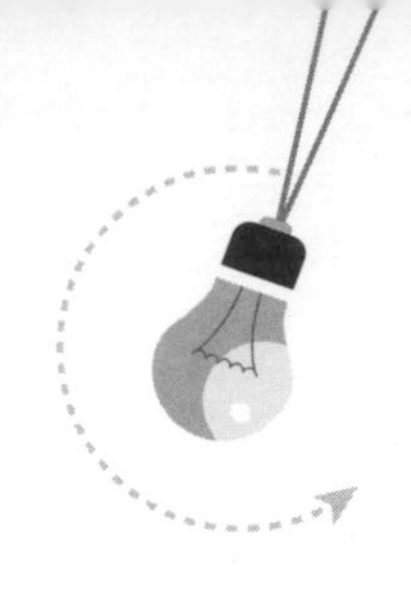

交換的前提在於價值

很多時候品牌的經營者矛盾的問題是，花了大把鈔票在累積社群的粉絲數和按讚數，卻看不見業績有所成長。或是在通路上銷售不錯，卻幾乎沒什麼媒體有興趣關注。在多數消費者使用搜尋引擎來尋找自己的需求時，也在同時去認知與了解品牌之外的評價與資訊，所以這也就成了為什麼更多的品牌想投入資源並優化自己，或是運用 SEO 來增加曝光機會的原因。這時品牌就應該開始思考，自己擁有什麼樣的條件可以跟消費者交換或者是交易。

一般數位環境的使用者，大多數都在網路上做的事情，包含了訊息聊天、看社群分享、看視頻、搜尋資訊、閱讀新聞、網路購物、聽音樂、玩遊戲等等。這時對消費者來說，有太多的機會可能會接觸到品牌的相關訊息，但大多數的時候都是忽略甚至排斥，原因就在於大家都聚焦在做自己的事情，只有極少的情況下才是特別針對品牌來關注。但常常品牌也只關注自己的訊息，以為把促銷方案放在網路廣告猛打、產品介紹貼上粉專，或是不斷地推播訊息給消費

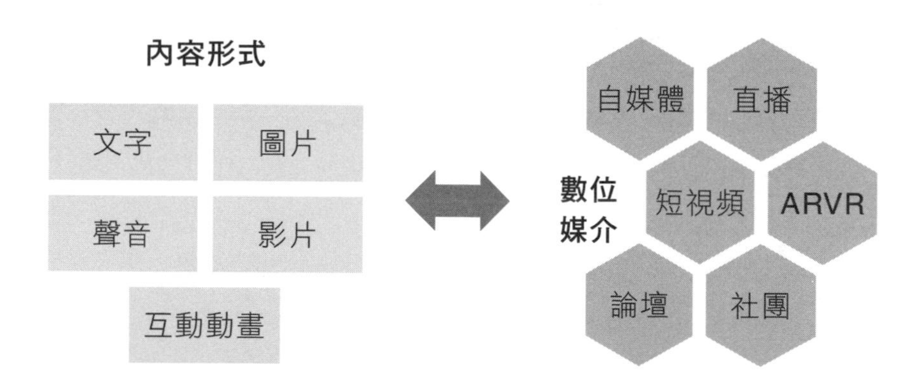

▲ 數位內容與媒介應用型態

資料來源：王福闓製作

者就可以獲得注意。這樣也會讓許多消費者覺得，品牌經營自媒體或是應用新媒體，只是為了增加銷售而已。

但是品牌真的只是想把東西賣出去而不在乎無形的價值嗎？數位環境中消費者只是因為需求和便宜就會選擇你嗎？答案多半是否定的，因為這時消費者所在意的就不是品牌的層次，而只是單純的產品功能，至於是誰提供並完成滿足就沒有這麼重要。像是我們買手機的時候，可能對於要買 AppLE 還是 ASUS 會有很明顯的品牌認知與偏好，但是保護手機的外殼、螢幕的保護貼，卻很少有人在意品牌，反而是選擇保護效果較佳、CP 值較高的來購買。尤其是 B2B 的品牌，大多數都沒有正視過這個問題的嚴重性，也就是品牌在數位環境的競爭和溝通，才是真正交換而不只是交易。

收穫不能只用獲利來判斷

常常品牌的經營者會陷入一種兩難局面，當資源有限的時候，不要說是建立或是推廣品牌，能先讓企業把商品賣出去、非營利組織能獲得捐款，都已經是相當不容易的事。而當為了能讓產品賣得更好，甚至產品屬性是針對 B2B 時，都很難再去顧及品牌的整體溝通。例如專營橡塑膠機械製造設備的這種產業，不但競爭相當激烈，大部分會採購這些設備的也是經營橡塑膠製造的業者。這時兩者之間在交易時在乎的，或許是價格、設備規格以及售後服務。

但若是進一步思考這些製作橡塑膠成品的廠商，在採購設備時真的不會考慮到品牌的層面嗎？其實並非他們不去考慮這些問題，而是製造設備的廠商會特別介紹品牌理念或是品牌形象的機會很少，或是介紹之後若相同規格但價格過高，甚至是產品本身質量較差，這些都是造成了業者對於特別經營品牌價值的意願較低的原

因。但若是產品本身比其他的競爭者更具吸引力，甚至也能讓採購設備的公司因為品牌而更放心在維修、運作品質甚至相互提升的層面上，這時經營品牌價值的意義就相對高很多。

同樣的概念，一般購買房屋的消費者，在選擇時的考量其實相當多元，地段、屋齡、公設比甚至附近鄰居。但有部分消費者會特別想要購買新成屋，或是雖然是中古屋但能讓人有特別安心的安全條件。有的建商品牌，不論是過去的口碑、價格甚至是其他消費者的推薦，這時品牌的總體形象就可能佔了消費者購買的一定比例原因。而另外一種則是建商選用消費者信賴的建材，例如鋼鐵業中就有特別強調防震耐用的業者，不但打破慣例做電視廣告跟消費者溝通，甚至還贊助知識型節目及舉辦相關講座。

此時對於建商品牌來說，消費者若是願意付出較高的代價購買房屋，就不只是單純的商品交易，還包含了對於未來居住安全信任的交換。同樣的建商品牌則透過採購消費者信賴的建材業者品牌，來增加自己的品牌價值與降低風險，因為消費者的交換期待中居住信任的部分，可以由建材品牌來一同分攤。此時的品牌自媒體內容應多元豐富像是一個主題樂園，有品牌的重要資訊、消費者的生活議題、B2B 的相關專業資料以及其他可以達成銷售的便利工具，甚至是分級的顧客關係管理系統。這樣的概念讓品牌具有深度外，也讓不同的目標對方依照需求與品牌建立關係。

品牌在消費者心中的價值最難獲得

還記得筆者在研究所的時候，印象最深刻的就是當時的教授第一堂行銷管理的課堂，就點出了行銷的本質是「交換」。學者霍曼斯認為只要有某種需求，那麼就可能採取獲得滿足需求的行動，並且會持續繼續下去。而透過交換的行為，人們相互之間均能獲得滿足。但在交換的考量中除了單純的利益外，還包含了許多人性層面的滿足，例如肯定、自尊、親情、愛情等等。甚至他提出了一個社會行為公式：行為＝價值 × 可能性，即當一件事情的價值很大時，並且做出行動得到該價值的可能性也很大時，那麼該行動就很有可能發生。

這時品牌存在的意義就相當被凸顯了，當一個品牌長期透過感性的廣告溝通人與人之間的聯繫、親情的重要時，消費者或許仍然在購買商品時會先從理性層面著手，例如比價、售後服務，但是當進入可被選擇的對象時，則可能會優先購買能在心理層面滿足需求的品牌。就像以近年來說，全國電子的推出的微電影，像是 2019 年的【偷改的志願單】、【小時候的約定】，2018 年的【我的百變爸爸】、【回家的願望】，及 2017 年之前的一些作品。不過很值得觀察的部分，成立逾 40 載的全國電子，因為 10 多年前的廣告標語「揪甘心」開始讓消費者注意，也因為有了宏碁集團的資金能把品牌行銷的面向擴大，尤其是在 YouTube 上的品牌微電影，

▲ 品牌與消費者交換基礎圖

資料來源：王福闓製作

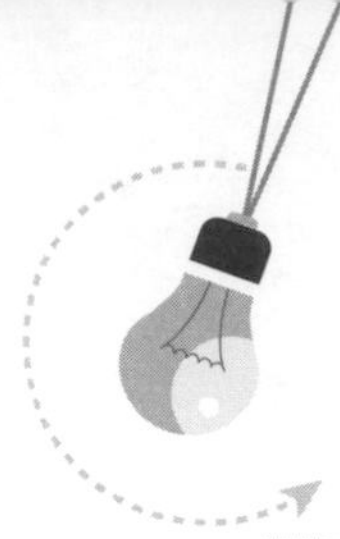

資料來源：https://www.youtube.com/watch?v=i3p-5UYtpbE&t=5s

不過直到近期才真正的有成為家電賣場的龍頭地位趨勢。

以此可以見得，當產品及服務的本質不佳時，連被交易的機會都沒有，但是品牌想要透過產品及服務的本體以外的東西，來跟消費者溝通甚至交換就必須要先思考，那對品牌及消費者的意義是什麼？例如品牌本身就很在乎社會價值或是家庭守護，這時當企業可能有獲利時就會投入更多的社會服務工作，而品牌想要得到的滿足就不只是收益，而是這個社會更溫暖有人情味。但溯本根源品牌為什麼要這麼做，可能是來自創辦人想圓夢，或是公司成員都有公益的個性。

很多時候我們會問，這不就是行銷手法嗎？想這麼多做什麼！

這時就回到了交易與交換的問題，消費者想要什麼消費者自己知道，但消費者看到品牌想要透過品牌形象的總體營造來提高可被交換的價值時，或許過去資訊沒有這麼容易流通，但現在的數位環境就會讓人好奇，這樣的交換是否值得。這麼說很現實，品牌就因為是形而上的價值，所以消費者會更期待知道品牌真實的想法和面貌。不論是透過網路尋找資訊，還是因為有媒體報導（爆料），要建立愈高的交換價值就要越能被檢視。

消費者也能從品牌身上找到救贖

就像有的非營利組織的成立其實立意甚佳，幫助病友或是關懷弱勢都是很正面的，當然不論所販售的商品及募得的捐款，也都多半是能對社會有益的。但要是只從交易的角度，消費者捐款縱然是因為公益，但仍然有像是避稅、良心安慰等可能性，這時公益單位只是一個完成消費者心願的角色。但若是公益單位其實為了社會長期的福祉有更遠大的目標，其實就要把品牌自己的願景、規劃都說清楚講明白。像前陣子發生的公益單位買辦公及服務空間而引發的社會事件，就是品牌沒有一開始把自己「想要什麼」和「為什麼這麼做」先說清楚，而導致部分捐款者及社會大眾還停留在交易的階段，而沒有了解其實品牌所交換的條件中還包含了自己本身。

而傳達「交換」這件事情當中所具備的條件，不是只有傳播工具的層面，而是品牌必須有系統、有規劃的先將自己想要什麼先給找出來，再區分成實際對消費者來說是屬於「交易」的部分，以及那另外可能是引發消費者認同，而且是從情感層面來溝通的部分，就是屬於交換當中有價值但無形的項目。而背後能讓消費者信任以

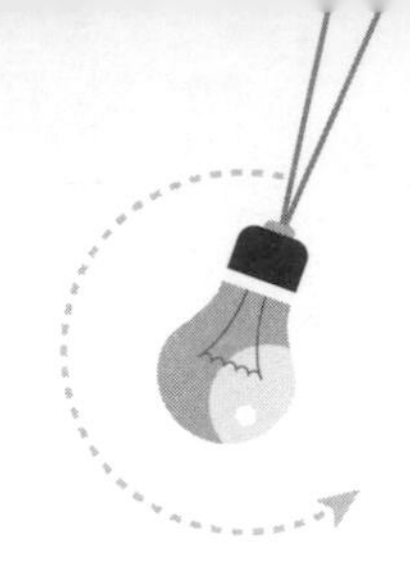

及持續支持的就是由品牌理念而延伸的那些堅持、作為以及傳播內容，或者是品牌對於社會責任的實踐。在交換的概念下，品牌所能提供的層面更多，包含品牌文化對於消費者自身背景文化的連結意義、廣告微電影中閱聽眾情感的投入、體驗過程當中的獲得，都是品牌可以給予消費者的無形價值。而關注社會公益、特定議題與事件的參與、實質的服務與產品品質的提升，則是創造社會大眾及消費者願意特別用自己的時間去關心的事情。

公益支持者	非營利組織品牌
財務考量	品牌理念
贖罪感	時間
歸屬感	資源
成就感	金錢

▲ **公益支持者與非營利組織品牌價值交換圖**

資料來源：王福闓製作

品牌在使用新媒體環境當中其實能產生更大的影響力，而在溝通的過程當中就必須將自己被識別出來的能力透過價值的創造與差異化來達成。而品牌理念、品牌故事等形塑品牌形象的元素，在過去很多時候存在於公司內部的品牌手冊、觀光工廠的品牌牆或是員工入職時的諄諄教誨。而進入數位時代後，開始被放在網站上、自媒體對外部溝通，甚至拍成微電影在社群平台上播放。這時品牌在思考努力經營的數位環境內容，就是讓社會大眾更清楚了解自己完整面貌。但品牌的形象塑造並不應該只是因為新媒體的應用及自媒體的內容，而是必須從實體的源頭來思考。

新媒體的品牌形象累積應當為原有形象的延伸，只是因為新媒體當中的使用者有著太多別於過去產品使用者的設定，此時品牌就更必須抓緊「交換」概念中，「讓自己用合適的方法讓對方認識，並且獲得認同」，而不是一昧地用各種迎合社會大眾的內容來滿足大家。這時品牌可以思考在品牌再造時，將品牌個性、品牌故事等同時「新媒體化」，運用有策略及系統性地將內容運用新媒體合適的場景，以及社群媒體的關係來建立數位環境當中的消費者認知，尤其是運用自媒體的主導性，來提高消費者在過去對品牌的認知到數位環境當中品牌形象的一致性連結。

甚至我們可以進一步說，在數位時代中品牌在思考「交換」的時候，就要明白那不只是品牌的產品及服務，而是包含了品牌的整體形象、消費者認同甚至社會價值，都被納入了交換的範圍。但其實消費者也相對願意拿出金錢以外的事物來交換，為喜歡品牌經營的自媒體點讚、在網路上分享受到感動的品牌微電影，甚至是把買

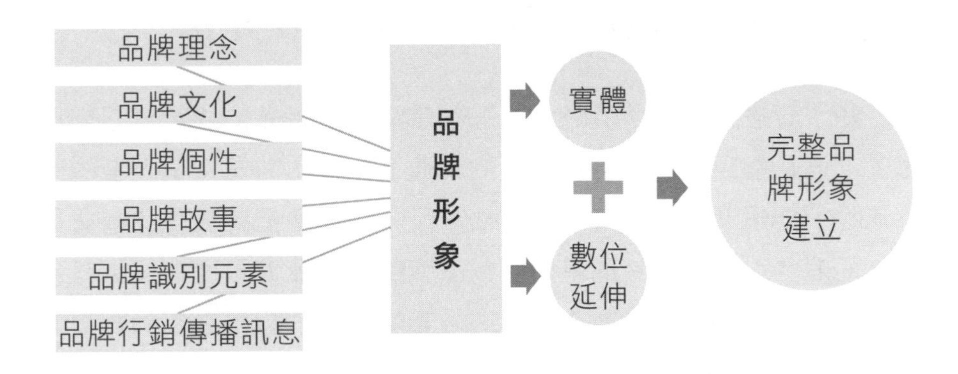

▲ 完整品牌形象建立圖

資料來源：王福闓製作

到的商品、品牌的網美牆、參加的品酒會都分享到社群當中，這些都成為了值得品牌珍惜而且持續經營的「收穫」。尤其當品牌與消費者的交換關係愈緊密，不但能確立顧客關係管理的基礎，也能對於未來品牌營運甚至是財務預估增加樂觀性。

替消費者找到解決問題的方法

除了傳播訊息的價值外，品牌不僅能對消費者的決策流程施加影響，而且能夠在數位行銷工具的溝通下主動重新塑造消費者的決策流程，縮短消費者的考慮和評估階段，進而重塑消費者的購買習慣。而消費者願意接受的原因是，品牌給了消費者更便利、更符合自身需求的服務與消費意義。例如過去購物時消費者必須到實體賣場選購，但原因不完全是為了搶購促銷商品，更可能是生活型態的延伸，透過百貨公司的空間投射自身的品味。但是有的消費者追求快速方便以及科技化，所以品牌運用 AR、VR 等技術，透過電腦視覺的 3D 人體識別和 3D 掃描重建，掌握不同場景的使用者需求所推出的虛擬試衣服務流程。

當更多社群上的消費者接受品牌所提供的創新服務及流程後，除了提升導購銷售效率，還能嘗試運用網站的自建購物車、品牌 App 及合作的網路購物通路直接讓消費者完成購買，提升進站率、轉化率和客單價。並透過經營社群關係，為品牌累積更大的消費者含金量及儲備量。例如邀請特定車主組成數位社群的俱樂部，讓線下的生活與線上的社群交流能夠產生連結，當新車推出時能精準的推薦給合適的買主。或是將公益平台的捐款者透過社群及公益活動的直播，不但讓捐款者放心金錢的使用，還能與其他有共同愛心的人一起互動，增加彼此連結，當這個非營利組織因為特定目的希望捐款者能特別支持並參與捐贈時，就更容易產生串聯效應。

▲ 靠 AR 眼鏡就能完成轉帳！華南銀行展示金融 AR 應用新雛型

（資料來源：https://www.ithome.com.tw/news/135013）

2.4

政府單位的
品牌
可以更有價值

建構國家品牌是政府品牌的最終結果

英國品牌研究機構 Brand Finance 發布 2019 年度國家品牌研究報告（Nation Brands 2019），當中的全球 100 強國家品牌榜單（Top 100 most valuable nation brands）前 10 名分別是美國，中國，德國排在前三名，另外還有日本、英國、法國、印度、加拿大、韓國和義大利。而前兩名的國家品牌價值僅增長了 7%，達到 27.8 萬億美元，第二名的中國的品牌價值在 2019 年增長了 40%，達到 19.5 萬億美元，與 8 萬億美元差距不小但是逐漸拉近。

2019 年度全球十大最具價值國家品牌榜

排名	國家	品牌總價值 / 年增長率
1	美國（United States）	27.751 萬億美元 /+7.2%
2	中國（China）	19.486 萬億美元 /+40.5%
3	德國（Germany）	4.855 萬億美元 /-5.7%
4	日本（Japan）	4.533 萬億美元 /+26.0%
5	英國（United Kingdom）	3.851 萬億美元 /+2.7%
6	法國（France）	3.097 萬億美元 /-4.0%
7	印度（India）	2.562 萬億美元 /+18.7%
8	加拿大（Canada）	2.183 萬億美元 /-1.8%
9	韓國（South Korea）	2.135 萬億美元 /+6.7%
10	義大利（Italy）	2.110 萬億美元 /-4.7%

資料來源：https://brandfinance.com

一個國家的品牌形象對當地的企業品牌和經濟的影響是相當巨大的，在全球市場上，國家品牌做為最重要的資產，不但能創造內部的國民理解並且認同、增加國內企業品牌、非營利組織品牌的價值，對外也能吸引資金、觀光客及技術移民，甚至爭取更多國家在外交以及國際參與的機會。而國家品牌若是最高指標，這個國家的政府、執政團隊的相關部會、監督的立法機構甚至司法、軍警消單位，甚至是各地方政府，都與國家品牌有著一定關聯，也在對外與對內上扮演著彼此建構及組成的整體角色。而這些政府單位品牌的數位時代溝通與行銷就比以往更為重要。

多元的溝通方式拉近距離

近年來常常看到一些政府單位，不論是地方縣市還是中央部會，都越來越善用社群來跟社會大眾溝通，例如像台北市政府就有 Humans of Taipei 我是台北人、手牽手 at Taipei、就業普拉斯、臺北市庇護工場、台北人力銀行、臺北旅遊網、臺北波麗士、臺北市動物之家等高達 47 個與民互動的各機關 Facebook。政府單位也常將政策化為有趣的文案甚至插圖，或是地方政府透過微電影來行銷觀光，有別於過去單純的政令廣告宣傳，更能貼近社會大眾的生活。

例如台北向來在對外的品牌形象，融合了國際、觀光及生活體驗，但在大眾還無法來到台灣前，會先透過搜尋網站來尋找合適的資訊。但若是已經在台北開始觀光或是生活的人，則更需要運用值得信賴的輔助應用程式來進行交通、辦理事務甚至尋求協助。

但當越來越多的政府單位用類似的手法，像是之前相當流行的

資料來源：
https://www.gov.taipei/

2019新北市歡樂耶誕城

2019-11-15~2020-01-01

歡樂耶誕城之誕生，是希望透過新板特區之都會意象，結合耶誕節的歡樂氣氛，打造適於各個年齡層遊玩之大型遊樂園，營造新北市歡樂幸福之氛圍，並提升新北市之城市知名度。此外，串連板橋周邊傳統的觀光景點如板橋林本源園邸、435藝文特區、黃石市場、府中商圈、湳雅夜市等，再結合新板特區璀璨的新興購...

2020臺北最HIGH新年城-跨年晚會

2019-12-31~2020-01-01

臺北市跨年晚會之所以特別，是因其有別於全球第二個迎接新年的雪梨跨年夜慶祝煙火匯演，也不同於紐約時報廣場的跨年降球儀式倒數，而台北101在踏入倒數的最後階段，將會從下而上逐層亮起作為新年的倒數計時，也使得台北101成為全世界最大的跨年倒數計時鐘。台北101於跨年倒數結束後，即於大樓外施放煙...

「開箱文」時，社會大眾雖然在一時之間按了讚，但卻不能理解這個政府單位品牌為什要這麼做。當時從國外開始翻紅的開箱文，起因是不少像軍警消這樣的政府單位，除了平常的工作內容會讓社會大眾好奇外，在執行勤務時所使用的設備或服裝，也都不常見，所以透過「開箱文」的方式，在社群媒體上透過一張照片搭配文字描述，讓人得以一窺全貌。但後來不少單位跟風，紛紛拍攝各種辦公室、工作場域的「開箱文」一時之間好像成了熱門的話題和大家按讚的重點，但也有些可以說是無謂或是無聊的貼文。

傳達訊息和雙向溝通都很重要

最重要的是，政府單位的品牌建立到底希望達成什麼效果或目標，這才是在經營社群上的重點。若是為了溝通特定的政策議題、活動內容，比較淺層或是有趣的方式或許可以達到，但例如台北市的居民到底上台北市政府的 Facebook 觀看資訊時，想看到到哪些面向的內容，或是有旅遊需求的國外旅客，上交通部的 YouTube 時看了這些影片，是否能更認識、更吸引他們來台灣觀光旅遊呢？若是從品牌所生產數位內容來看，其實可以歸納成三大層面：

1. 理解：回答使用者關心的普遍問題
2. 思考：讓使用者了解訊息內容，比如其他使用者的分享，深度文章讓用戶知道你是誰
3. 決策：經由訊息的內容，包括客戶證言，佐證資料等讓使用者知道為何支持你的品牌。

但常常政府單位品牌都只停留在理解及思考階段的溝通，像是為什麼要支持這個政策、為什麼要來這個城市觀光、甚至為什麼要了解這個議題，常常產生訊息的斷層。相較於一般企業品牌或非營利組織品牌的管理，政府單位的品牌管理應該具備了更深的品牌理念，例如各部會當時成立的原因都是有經過立法、行政等等程序才能成立，所以對於這個單位的運作方向和政策執行，都有更高的標準。因此在品牌及社群的管理上，應該能明確地傳達品牌組織結構、政策目標及績效指標甚至是對人民、服務對象正面而且有效的傳訊息。

城市品牌同時存在於兩種面向，分別是外顯及內隱。外顯的部分像是有名的建築物或地標、生態美景以及獨特可以看見的實體景觀，內隱部分則是當地居民以及觀光客內在的記憶所累積而成的無形印象。而負責城市品牌溝通的則是政府單位的各不同分工品牌，在過去通常以電視廣告、大型活動來溝通，近年來則是更善用數位環境的工具來傳遞訊息。但像是根據「臺灣觀光年曆」來看，2019 年度中央各部會舉辦的全國性及國際級大型節慶觀光活動就有 90 個以上，而各地方城市所舉辦的各類觀光行銷活動更超過 300 以上。

思考政策長期溝通的策略方向

基本上政府單位品牌的建立是為了讓社會大眾了解這些單位所提供的公共產品和服務，並且在社會大眾的心目中留下具體的形象與支持程度，甚至使社會大眾對政府單位產生的滿意度和忠誠度的。因此政府單位的品牌在數位環境中溝通時，更應該要能凸顯不同單位自己本身的差異化，並且具有一定的品牌個性。政府單位品牌是政府的無形資產，並且傳達了該單位的品牌文化，應該要更謹慎而且更有深度的長期規劃及溝通。

以現在來看，有些政府單位品牌的社群是透過外包的方式來營運，若只是特定活動或是計畫大致上沒有問題，只要管理考核與政府窗口的連結有做到，但問題是有些連部會或地方政府的單位都可能用外包方式來管理社群，事實上這對品牌來說很容易造成品牌溝通不一致的問題。若是這些社群管理者並不了解政府單位應該呈現社會大眾什麼樣的形象，或是正確的訊息規劃，常常導致品牌認同及品牌文化在社群上的溝通與政府單位的真正面貌有了落差，甚至讓民眾無法產生應該有的信任度。

另外若是更廣泛的將戰場延伸，還在進行民主競爭選舉的候選人則是另一群大量將品牌溝通與建立投入在數位環境的使用者。競選的目的就兩種：執政與監督，當還是候選人的時候，如何把自己的政見加以傳遞讓選民知道，以及當選後如何繼續把自己的個人品牌與政府單位品牌產生連結，都是新興的數位課題。像是在選舉當中獲得高人氣支持的候選人成為市長後，必須思考自己的社群該怎麼維持與選民之間的關係，而接手後的市政府社群又該怎麼調整溝通方式才能正確傳遞新任市長的品牌理念，又要維持市政府自己本身長期經營的公信力與品牌形象，都是數位環境當中越來越必須關注的事情。

因為在取得執政或立法監督的前後，貫穿的就是候選人提出來的政策與落實，有別與以往的政策溝通，數位時代影響了每個層面及世代的社會大眾。將網路社群行銷操作納入策略溝通的考量，是個相當合理而且重要的事情，透過社群關心與了解時事，以及取得自己認同的訊息已經是常態，也更是現代族群對於政治參與、了解政策，以及針對公共事務與政府互動諮詢的主要常態方式。這時

負責政策溝通的政府單位品牌就必須扮演起橋樑的角色。但可惜的是至今多數政府單位品牌仍停留在傳聲筒甚至是毫無反應的情況。筆者於 2019 年曾測試傳訊息給約 100 個中央及地方不同單位的 FACEBOOK 粉絲專頁，但不幸的是毫無回應的超過 7 成，機器人程式官方回應的約 1 成 5，只有不到 5% 的單位有真人回應問題或是願意瞭解提問者的需求。

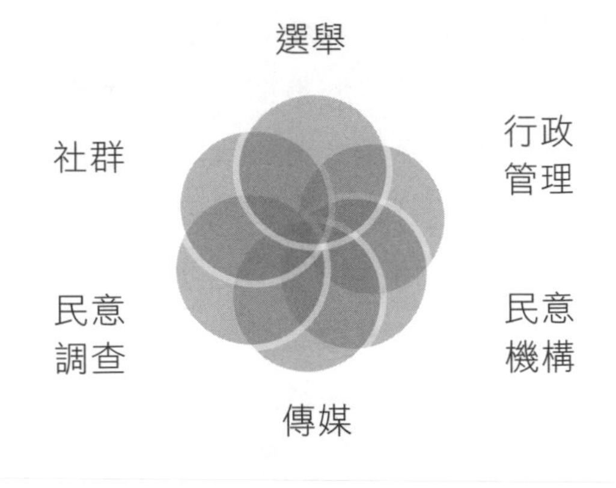

▲ 政治品牌與民眾的溝通管道

當社會大眾對於無法與政府單位品牌溝通時，就難以了解不論是政策、議題甚至各單位的品牌價值是什麼，甚至是造成了不信任。社群在眾多品牌的經營上都是為了增加雙向溝通的機會，打破過去單一訊息的傳遞，尤其是台灣的政治是透過選舉而產生的執政者及監督者，這時當初投票支持特定對象的立場、政見的選舉人，一直不斷受到數位環境的洗禮和影響，對於政府單位品牌的作為都更認為自己有影響的權利。甚至更多政府單位品牌的存在是為了整體人民的福祉，這時若社會大眾無法感受到自己的生活更好、意見沒有被採納，那就會造成更換執政團隊的結果。

以這次讓許多國家恐懼的非洲豬瘟事件，為了防範疫情入侵臺灣，政府單位透過電視新聞播送相關防疫資訊，也將總統府、內政部與農委會各自的社群平台作為傳播溝通訊息的來源進行宣導，運用社群語言以及針對不同的閱聽眾增加溝通的有效度，以達到危機控管的效應。

動植物防疫檢疫局-防疫小尖兵
9月9日
✓ 已說讚

【⚠緊急：非洲豬瘟疫區新增菲律賓】
由於菲律賓證實發生非洲豬瘟疫情
從9月9日（今日）下午4時開始
旅客從菲律賓違規攜帶豬肉製品入境
將被罰新臺幣20萬元
外來人士如未能繳清罰款者
移送移民署當場拒絕其入境

我國早在8月19日就已超前部署
將菲國列入高風險地區
以X光機100%檢查入境旅客託運行李及手提行李
但還是要提醒民眾
不要攜帶肉製品回國以免遭罰

新聞傳送門：https://www.baphiq.gov.tw/view_news.php?id=16665

小編小叮嚀⚠：
不要攜帶動植物產品入境，尤其是豬肉相關產品
不要網購國外肉品寄回臺灣

#非洲豬瘟疫區新增菲律賓
#全民防疫專業檢疫
#中秋佳節不要攜帶含肉月餅回國

資料來源：動植物防疫檢疫局——防疫小尖兵 Facebook

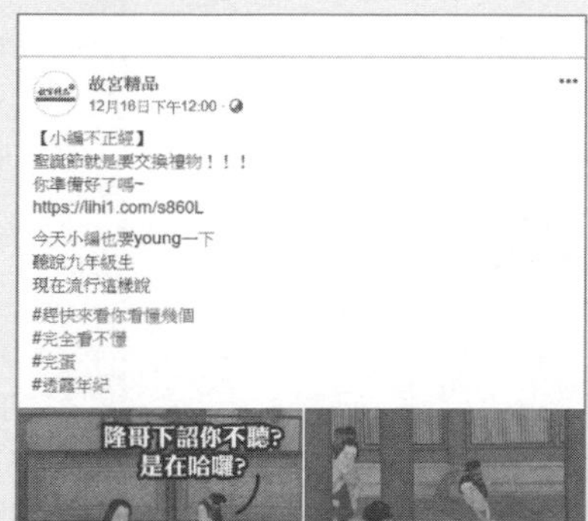

故宮精品
12月18日下午12:00

【小編不正經】
聖誕節就是要交換禮物！！！
你準備好了嗎~
https://lihi1.com/s860L

今天小編也要young一下
聽說九年級生
現在流行這樣說

#趕快來看你看懂幾個
#完全看不懂
#完蛋
#透露年紀

20大九年級流行用語你跟上了沒？

排名	流行語	意思或用法	網路聲量
1	人+377	人家森氣氣	23496
2	2486	白痴、傻子、不入流	14507
3	旋轉	呼嚨人	11553
4	是在哈囉	到底是在幹嘛	9856
5	塑膠	無視、忽略人	6957
6	呱張	誇張	6912
7	咖啡話	胡言亂語、講屁話	6526
8	潮他媽的	形容很潮的誇飾法、反諷用法	5409
9	灣家	「吵架」的台語諧音	5090
10	郭	「關我」的連音	3402

資料分析：DailyView網路溫度計 透過 KEYPO大數據關鍵引擎 (keypo.tw)，以國際級的語意分析架構、先進的機器學習技術與人工智慧推論引擎，感知網友語意脈絡與情緒，分析時事網路大數據。
分析期間: 2017/11/07~2019/11/06

網路溫度計

- 資料引自《KEYPO 大數據關鍵引擎》提供，分析時間範圍為 2017 年 11 月 7 日至 2019 年 11 月 6 日，共兩年。
- 系統觀測上萬個網站頻道，包括新聞頻道、Facebook、PTT 及各大討論區、部落格等，針對討論「九年級流行用語」相關文本進行分析，並根據網友就該議題之討論，作為本分析依據。
- 本文所調查之結果，非參考投票、民調、網路問卷等資料，名次僅代表網路討論聲量大小，不代表網友正負評價。

2.5

非營利組織
先做好
競品分析
好嗎？

必須先知道自己的位置

很多非營利組織在成立品牌時，總覺得自己的理念很有價值，訴求主張很有獨特性，甚至對於在社會進行公益溝通和勸募時，會認為只是大家不夠了解而已。

很多時候非營利組織的品牌形象因為太過相近，其實不少支持者並不太容易去辨別，就像都是以身心障礙照顧為對象的「喜憨兒」、「育成基金會」等等，當今天希望支持者去選購產品或是募捐時，若沒有更具體的品牌差異化，支持者很容易混淆。

若是從 YouTube 搜尋，則更會因為影片拍攝的內容是否有吸引力，品牌原有的知名度以及廣告推播的效益，產生了明顯的差異效果。

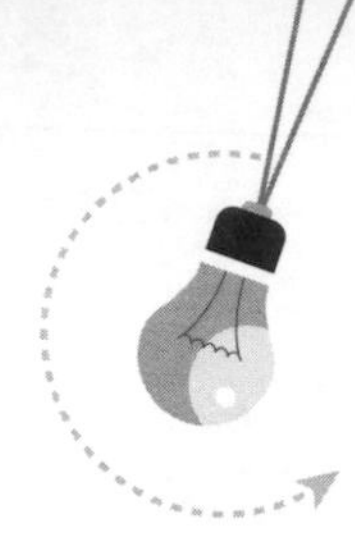

伊甸基金會	【伊甸基金會】桃園庇護工場 伊甸烘焙咖啡屋_專題報導 觀看次數：1561 次 2 年前 「新出爐的祝福。」伊甸烘焙咖啡屋致力於協助有工作意願但能力不足的身心障礙朋友，期盼他們可以擁有一份專業的技能與證照，同時……
卡夫卡	尋夢旅程（臺北市庇護工場短片） 觀看次數：6792 次 3 年前 身心障礙者的就業之路，充滿了困難與挑戰，在工作上也需要比常人多百倍的心力練習，走在這條尋夢的路上，庇護工場是旅程中重要……
公視新聞網	庇護工場「給釣竿」轉介員工進職場 20181008 公視早安新聞 觀看次數：375 次 1 年前 更多新聞與互動請上：公視新聞網（http://news.pts.org.tw）PNN 公視新聞議題中心（http://pnn.pts.org.tw/）PNN 粉絲專頁（……
RTHK 香港電台	鏗鏘集：老障無依 觀看次數：7.9 萬次 4 年前 醫療進步，人類的平均壽命得以延長，智障人士以往的平均壽命一般為 20 至 30 歲，大量研究報告顯示智障人士目前的平均壽命已可達……

資料來源：王福闓整理製作

而數位時代來臨，有更多的非營利品牌投入了數位行銷的領域，也讓有意支持公益的社會大眾看到了更多有需要幫助的單位，卻也可能造成了資源的分散。有趣的是，不少非營利組織其實長期在訴求的議題雖然還是很重要，但還是有更多新進品牌在相類似的領域投入。更有過去其實訴求相近的單位，因為在數位領域中投入更多的溝通資源，反而在募款、異業合作時，都獲得了相較其他單位更多的機會。但若是在搜尋引擎想找到自己有興趣的庇護工場，前往支持或消費時，能見度越高的品牌越有機會，但包含了利用自然搜尋的點擊、廣告推播或是其他消費者的評價所累積出來。

新北市喜憨兒庇護工場	4.4
育成蕃薯藤—臺北市忠孝庇護工場	4.3
新北市集賢庇護工場	4.4

資料來源：王福闓整理製作

例如之前鴻海集團創辦人郭台銘在臉書上介紹了由台灣失智症協會經營的「Young 記憶會館」，這是由年輕型失智症患者提供服務的場域，因為在社群上獲得極大的正面迴響，郭台銘還透過永齡基金會捐贈 1200 萬元，幫助虧損的會館繼續經營下去，並且

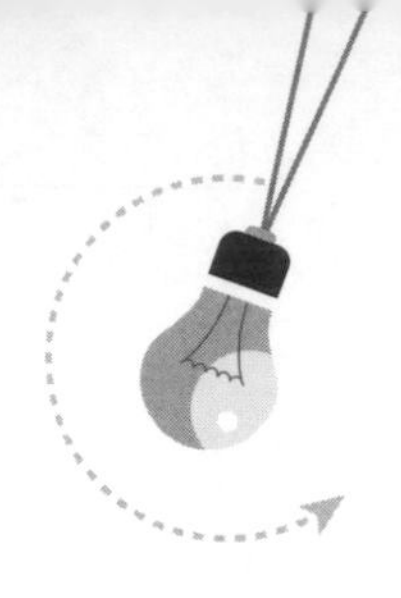

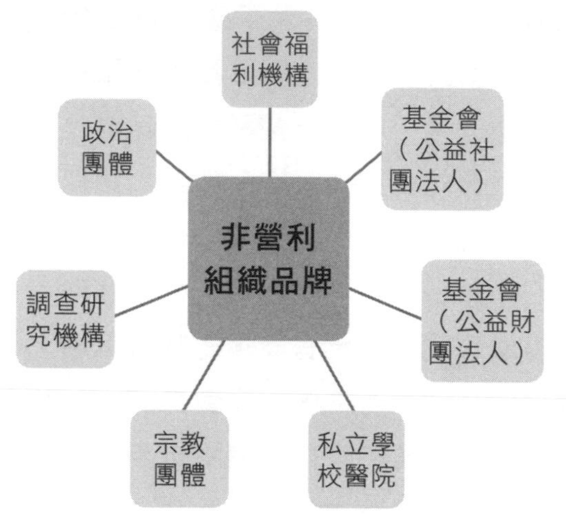

▲ 非營利組織品牌類型圖

資料來源：王福闓製作

在未來針對早發性失智的醫療或照護有其他的合作機會。這時，其他同樣是以服務失智症的單位，雖然也可能會因為議題被關注，但卻也可能造成了公益捐款集中的可能性。

從非營利組織品牌的範疇來看，包含像是特定目的的社會福利機構、公協會（公益社團法人）、基金會（公益財團法人）、私立學校醫院、宗教團體甚至是特定的調查研究機構、政治團體。其實我們可以說，身邊還蠻多單位是非營利組織品牌，但其實並不一定都只是在做社會扶助的工作，可是當冠上「非營利」的頭銜時，似乎品牌就被賦予了正面而且良善的印象，所以當必須去思考彼此之間的競爭關係時，這就成了一個難題。

但事實上非營利組織品牌的背後包含了許多必須跟更多社會大眾溝通的重要訊息，像是品牌的理念、願景，甚至是對於社會的重要性。但很多時候，不同的群體也都會對相同的議題有所關注，甚至彼此的立場可能有部分還是對立的，那不只是競品的分析甚至是競合的可能性都是非營利組織品牌必須要去觀察關注的。例如不同立場的政黨，在特定的議題可以合作，但是在員額有限的情況下又要競爭選票的支持。但也有些時候因為議題還沒有被社會大眾了解或者支持，好幾個能夠一起溝通的非營利組織品牌甚至會一起合作，先以推動社會認同為目標。

立場的競爭在所難免

像是私立大學因為招生環境及長期發展，都受到少子化影響，而其中由東吳大學、文化大學、世新大學、淡江大學、銘傳大學、輔仁大學、實踐大學、大同大學、臺北醫學大學、中原大學、逢甲大學、靜宜大學等十二校陸續加入後組成的「優久大學聯盟」，就是非營利組織再進一步結盟的例子，雖然不見得學生一定會因為這個原因而作為選擇學校的優先考量，但確實在資源整合與對抗環境惡化時有些幫助。但是從私校的教職員與老師的角度，也可能擔心當學校本身更團結，勞動者的資源也會受到影響時，就成立了「台

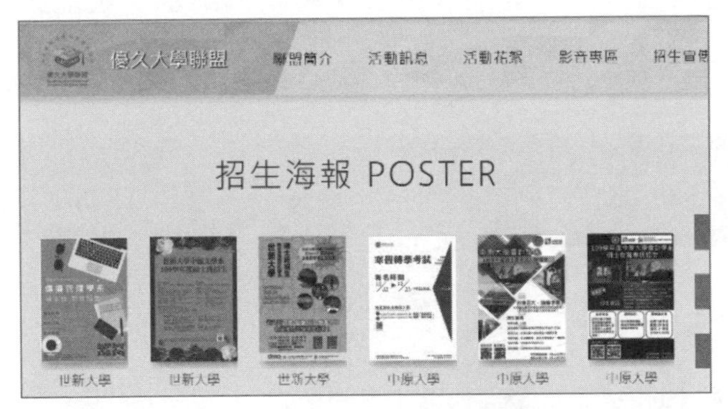

◀ http://u9.tku.edu.tw/poster.cshtml

▼ http://www.tpseu.org.tw/

灣私立學校教育產業工會」，或許立場不一定是完全對立，但在從品牌的定位來看確實是會有一定的利益衝突。但是這兩個單位在新媒體的溝通上，都仍處與相當傳統的訊息傳遞方式。

就算立場上一致，但真的遇到資源有限，那爭取這僅有的生存時就必須重新釐清，自己的品牌與別人到底有什麼不同，以及消費者眼中的你們又是什麼樣子。例如像是針對現在人會害怕恐懼的「癌症」，包含全國性及地方性（含已解散）的社會團體就有 99 個之多！有些非營利組織品牌就能在名稱上讓人一眼就識別出來服務項目及關注的議題，像是全國性的「中華民國癌病腫瘤患者扶助協會」，就是清楚的將服務對象（患者扶助）與針對的病症範圍（癌病腫瘤）清楚説明。但是像已經解散的「台灣抗癌聯盟」或是「中華民國抗癌人協會」就可能因為在對抗癌症的訴求上，比較不容易即刻性的讓社會公眾理解，「聯盟」或是「抗癌人」的意義。但另外像是地區性的「防癌協會」，則是以預防或防制為訴求，也能夠產生區隔及明確性。

資料來源：ctpaa2015.weebly.com

長得像不一定都能做一樣的事

再從另外一個層面來看，大多數的人除了從品牌名稱去分辨不同的非營利組織品牌的理念或宗旨外，再來就是透過數位環境中的社群或是網站資訊來認識或區隔自己可能有興趣加入或是支持的品牌。例如像是全國性以「品牌」為主命名的非營利組織至今有 20 個，卻只有不到一半有在經營 Facebook 的粉絲專頁或是社團，例如「中華品牌再造協會」。可見還是相當多非營利品牌在發展過程仍然沒有思考如何更快速更容易的利用數位環境或是自媒體，讓社會大眾認識品牌，甚至做到進一步與其他相類似品牌區隔。

有時非營利組織品牌覺得自己的服務對象和服務理念很重要，所以當與其他服務理念相近的品牌比較時，常常只注意到最有名的那幾個，但從實際層面來看，其實品牌間的競爭比想像中多更多。例如立案的財團法人中，服務項目包含「身心障礙者」的就有 195 個，成立宗旨是服務身障者的社團法人也有 129 個（含已解散），可是真的專注於單一服務對象的財團法人只有 11 個。這些數字或許不能代表所有其他服務類似的品牌都是競爭者，但至少非營利組織品牌必須思考，當有有社會大眾想捐款、購買品牌推出的產品及服務，或是有需要服務的對象在尋求幫助時的選擇原因，甚至是有心投入社福領域的從業人員，對於品牌的認同與了解程度，都可以作為競品分析的思考面向。

像是「財團法人陽光社會福利基金會」則是因為之前的八仙樂園塵爆事件，在特定的議題和服務對象上有相當明確的標的，所以也獲得大量的關注。另外例如像是以服務身心障礙者的非營利組織品牌「財團法人育成社會福利基金會」，事業部包含了洗車中心、

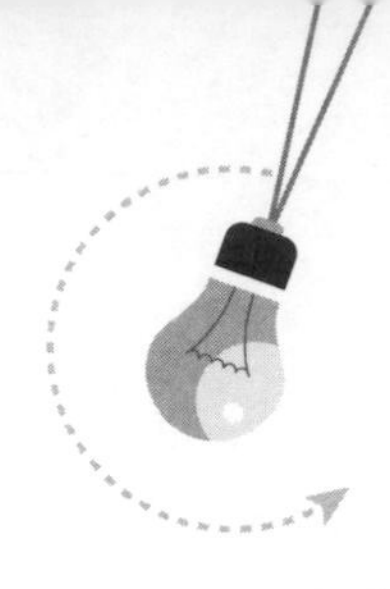

忠孝庇護工場、集賢庇護工場、慈育庇護工場、慈惠庇護工場、永和自然食堂、復康部、資源回收部，所提供的商品及服務品牌其實也很多元，但常常因為在組織名稱上社會大眾其實會不太了解背後的涵義，所以縱然支持理念及服務但卻還是在品牌認知上，稍微落後了有清楚識別的非營利組織品牌「財團法人喜憨兒社會福利基金會」。

同樣的在特定議題上，也因為非營利組織品牌的溝通有限和差異性不夠，造成了非營利組織品牌整體的困境。像是每到中秋佳節，幾乎都會出現關於庇護工場銷售業績不好的新聞，不是月餅滯銷就是上門光顧的消費者減少等議題，甚至有時農曆年前也會有一波這樣的新聞。剛開始確實有提醒消費者的功能，能讓願意支持公益的企業、政府單位或是消費者上門，但當逐漸成了常態，且產生問題的庇護工場家數也愈來越多時，就可能是政策出了問題以及過度競爭造成的。

理念

以父母對待子女的同理心，秉持『父母深情．永不放棄』的心情，照顧陪伴心智障礙者人生各階段路程。

◎育成基金會Logo 的意義：
花蕊苞的形象為培育的象徵
兩株桃紅花蕊輪廓，就像是憨兒母子，接受綠葉枝苗的守護，
在育成的各機構提供專業細心的照顧下，安心而快樂的生活。
「育」字表示培育，給予憨兒陪伴、教育和訓練
「成」字表示成長，讓憨兒快樂學習與成長
育成基金會致力在不同的人生階段，終生守護心智障礙兒。

資料來源：https://ycswf.org.tw/aboutus/orInstagramin/

從競爭中找到差異化

庇護工場歸屬勞政單位主管，定位為具勞雇關係之庇護性就業職場，並為使身心障礙者就業權益受到保障，所以適用勞動法規。以勞動部資料看，全台的庇護工場近 140 家，但從 102 年至今，可說是年營業額均在減少，扣除政府補助後虧損更是逐漸擴大。而且庇護工場營業類型來看，「餐飲類」及「勞務服務類」最多，「餐飲類」每年約 50 家上下，約占 35% 左右；其次為「勞務服務類」，每年約 40 家上下，約占 30% 左右。107 年監察院曾提出調查報告點出幾項重要問題，也是至今庇護工場困境的現況。

1. 仍過度依靠政府補助，但勞動部與地方政府各自籌辦相關業務，缺乏一致的政策方向，致使縣市及鄉鎮在供給需求及資源上不平衡。
2. 必須「自負盈虧」，但提供單位大多屬「非營利組織」，且較不具備市場分析、成本管控、行銷推廣等營運能力。
3. 部分因從事單一性、重複性且門檻較低之營業類型與產業，容易淪入與其他同類型庇護工場競爭情境，更難敵一般市場威脅。

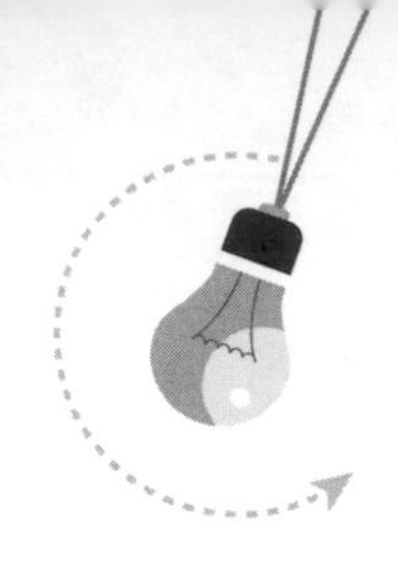

臺北市 庇護工場	由臺北市勞動力重建運用處輔導立案的庇護工場，目前共 44 家。
庇護工場 －尋找真心 良品	1.3 萬人說這讚 108 年庇護工場產品及服務宣導活動計畫
愛天然 集賢庇護 工場	2,403 人說這讚 愛蜜麗在新北市集賢庇護工場上班，這裡有一群純真的身心障礙朋友。
育成蕃薯藤 －忠孝庇護 工場	1,228 人說這讚 育成社會福利基金會接受「臺北市勞動力重建運用處」委託所成立的。

雖然就業人數與身心障礙人口數仍有相當大的落差，但要讓庇護工場作為有指標性單位，轉型升級或重新思考何時發展方向，成了當務之急。前兩年，中央也曾運用資源直接協助地方的庇護工場行銷，但成效相當有限，且更造成本來就不善於溝通的弱勢單位更加邊緣化。筆者從曾擔任庇護工場行銷輔導顧問經驗看，除了重新盤點庇護工場的資源和定位外，最重要的是，中央及地方政府應坐下來，並邀請現在經營業者一同思考，如何在「社會企業／庇護工場／社福機構」間，尋求自己合適的品牌定位與塑造。另外，面對市場挑戰，商業模式也要能轉型及尋找新商機。

從社群的溝通角度來看，資源的運用與消費者接觸的機會仍然呈現相當的正比，例如從 Google 搜尋關鍵字「庇護工場」，約有 1,330,000 項結果。以 2019 年 12 月 25 日耶誕節當日來看，或許不少社會大眾也正在尋找可以公益回饋的非營利組織，這時有投入廣告預算的單位，就有機會早一步被看到。

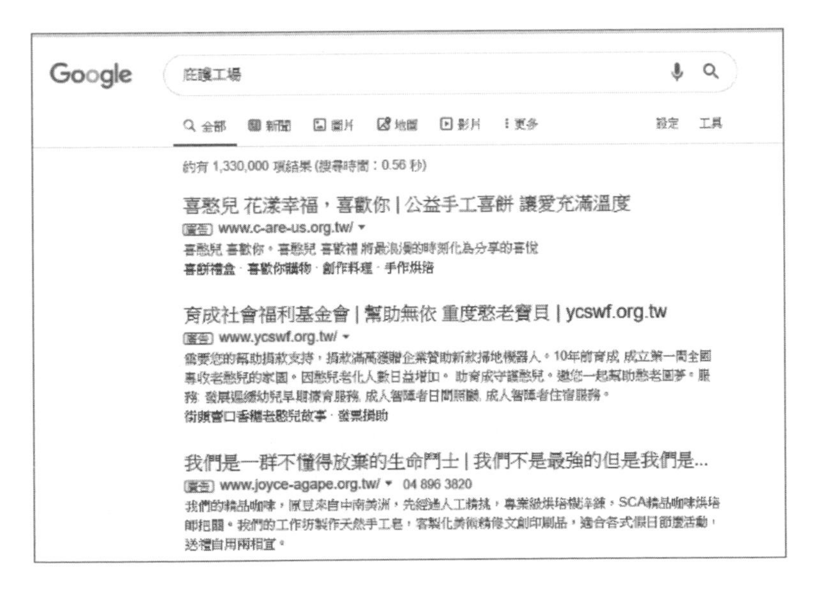

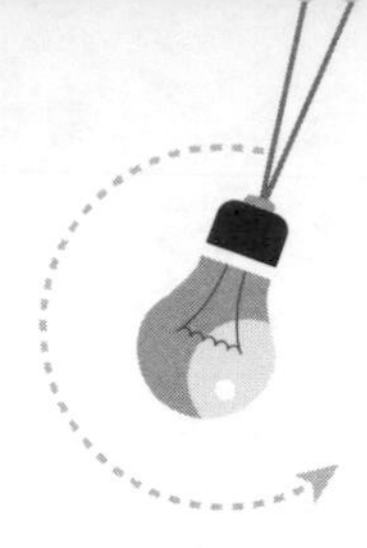

財團法人 喜憨兒 社會福利基金會	喜憨兒 花漾幸福，喜歡你 I 公益手工喜餅 讓愛充滿溫度
財團法人育成社會福利基金會	育成社會福利基金會 I 幫助無依 重度憨老寶貝 I ycswf.org.tw
社團法人彰化縣喜樂小兒麻痺關懷協會附設愛加倍工場	我們是一群不懂得放棄的生命鬥士 I 我們不是最強的但是我們是……

2.6

為什麼
網紅品牌能，
你的品牌
不能？

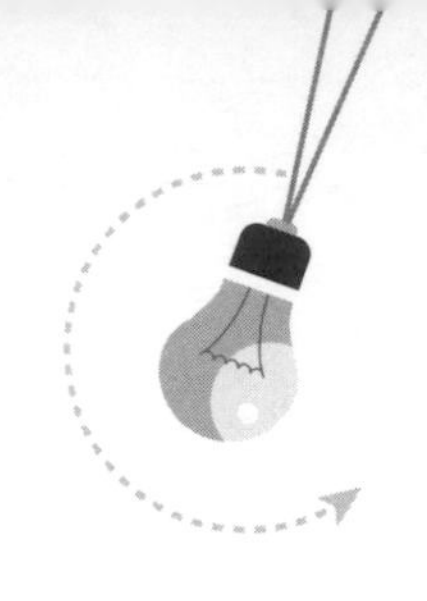

人人都會用自媒體

而自媒體興起還造就了另外一個特別的趨勢，每個人都想發展個人品牌，包括顧問、醫生、作家、律師甚至企業 CEO 都當起知識型網紅，甚至從國小到大學的在學學生，經調查結果最想從事的未來職業，前 5 名都有網紅這個項目！原因就是自媒體的興起，讓使用者可以先從單一平台找到可發揮的空間，再大量的投入時間精力，像是拍攝影片的可能會選 YouTube 或抖音、知識分享型的可能選 Facebook 或微博，愛分享照片的常選擇 Instagram。這時個人品牌在單一領域很可能因為獲得目標受眾青睞，所以在知名度或是消費者認同上都可能超越經營傳統媒體許久的品牌。

隨著網紅的影響力逐漸提升，「藝人」和「網紅」之間也產生越來越多的共同性及重疊度，：網紅漸漸走上大螢幕、當演員、歌手。藝人則延伸心力經營社群平台。根據「數位時代」與愛卡拉（iKala）合作，從網紅媒合平台暨網紅搜尋引擎 KOL Radar 資料庫中評選出「2019 年台灣 100 大影響力網紅」，台灣的網紅只要在 Facebook、Instagram、YouTube 任一平台，擁有逾 1,000 名粉絲，就會被納入資料庫，如今已高達 1 萬 5,000 人。但更多以「個人品牌」原生建立在社群領域的網紅，則更著重在內容的創造和 IP 的經營。像調查中排名前十的蔡阿嘎（生活）、這群人 TGOP（搞笑）、Duncan 當肯（插畫）到黃阿瑪的後宮生活（寵物）、阿滴英文（教育），均有自己創造的議題、呈現方式甚至商業模式。

但是在新媒體的世界裡，單一媒體品牌的經營與營運都是相當大的挑戰，更何況還要建立一定的節目品牌知名度。此時新媒體的媒介組成元素就有了一定不同程度的改變，例如在網路上當紅的直播主、網紅，甚至是願意經營自媒體的知識型專家及演藝工作者。雖然這些新媒體的品牌不像一家電視台這麼龐大，甚至多半連一個電視節目的製作規格都沒有，但對於許多像是中小企業、新興品牌，反而更容易因為跟這樣的新媒體品牌合作而達成溝通效果。例如筆者曾針對經典諜報片當中的主角所穿的西裝做介紹，這時有一間西服公司就合作了置入性行銷，協助提供了拍攝用的道具服飾，這時不但本來筆者就有的媒體內容可以更豐富，也讓廠商的品牌增加了專業的曝光機會。

學習合理但模仿就沒有意義了

筆者在為品牌擔任專案顧問時，發現很多中小企業對自媒體的策略應用很茫然，沒有考量到具體問題與現況分析，一味模仿別人的模式和經驗，甚至是寄託在其他成功的網紅自媒體身上，期望能達到相同效果。覺得別人這樣做成功了，自己一定也能這樣做成功，沒有從自身品牌的核心競爭力來發展適合的數位行銷策略。

回頭思考網紅所能操作的影片、話題、產品介紹與直播銷售，就工具面來說品牌都可以做到，但為什麼常常消費者還是喜歡觀看網紅，原因最重要的來自於陪伴。而在網紅的操作中，又因為平台的使用習慣，最主要的應屬 Facebook、Instagram、YouTube 和痞客邦（微網誌）。雖然有人認為微網誌影響力逐漸式微，但不可否認的是，當沒有什麼預算，又希望自己的產品有亮相的機會，1 篇 3 ～ 5000 塊的業配文還是很容易有機會被看到，至少老闆看到圖文並茂的文章時會說：「媽，我上報了……（誤）」。Facebook 上的網紅，除了不少是專業的製作團隊來創造話題、進行文案內容的製作或直播來吸睛，甚至包含測試評論、開社團銷售商品招生意。至於 YouTube 上的網紅頻道，則是透過影片的內容，生動活潑、打諢罵俏的吸引閱聽眾，再運用自媒體的力量把影片流量轉為廣告收入。

從社群經營的成效與目的來檢視，持續更新每個平台的內容，抓住議題與消費者、粉絲間的溝通互動，運用多重元素才能達到有效擴散。此時，那些具有龐大粉絲的「網紅」們，就成了其中一種運用方式。「網紅」在社群上，因為具有許多本來就忠誠的閱聽眾，對合作的品牌來說，能否產生商業價值與轉換率是很值得討論的，但若是能藉此擴大客群，以及增加品牌自身的社群聲量，運用「網紅」的效用才能有所提昇。但「網紅」對企業、品牌的社群經驗，真的都是正面的嗎？以下 5 點必需要掌握：

1. 結合時事議題並主動出擊
2. 鎖定明確的溝通目標對象
3. 選擇屬性相近或正面形象的合作對象
4. 掌握不同社群平台的特性
5. 持續檢測新導入客群的黏著度

品牌與網紅的結合

網紅與品牌的合作更加深入，在模式的選擇上可以運用廣告配合、內容直播、甚至引導銷售，補強品牌自己本身的行銷能力不足。「2019 雙 11 洞察報告」，手機淘寶 App 內觀看直播的用戶規模為 4133 萬，同比增長 130.5%。而雙 11 淘寶直播成交規模為200億元，其中有超過10個億元直播間，超過100個千萬元直播間。像是在美妝、餐飲、家電等產業都在運用外，甚至擴展至汽車、政治以及非營利組織。同時經由網紅自己擁有的粉絲作為品牌目標受眾的延伸，甚至在過程中幫助品牌更了解這些消費者的獨特需求並強化溝通，進而提升潛在消費者轉化為品牌的支持者。尤其不少在經費相當有限的品牌，既不懂得怎麼創造議題，也無法在傳統媒體上曝光，這時跟已經有知名度的網紅合作，也等於是同時跟行銷公司及自媒體擁有者合作。

另外在內容的溝通時，像是YouTube上的網紅，可能花不少時間來製作像是開箱文、主題電影回顧或是觀光景點的探索。像這類影音內容不但常常很貼切閱聽眾的生活，吸引大家觀看的意願，也會讓人願意分享上身邊的朋友或是相同興趣的社團團友。而在影片的留言功能也可以讓閱聽眾表達自己的看法，進而增進與影片製作者的距離。像是以「觀光工廠」關鍵字搜尋時，就可發現前幾名的影片中，包含像是卡司蒂菈樂園、金格長崎蛋糕觀光工廠、FLOMO富樂夢橡皮擦觀光工廠、寶熊漁樂碼頭及宏裕行花枝丸館。雖然在觀看次數中也有像是媒體的報導或是桃園觀光工廠的推廣影片，但可見閱聽眾對於網紅所分享的內容因為貼近生活，而接受度也更高。（註：搜尋時間為2019年12月30日，結果也有可能受到平台自己的條件影響）

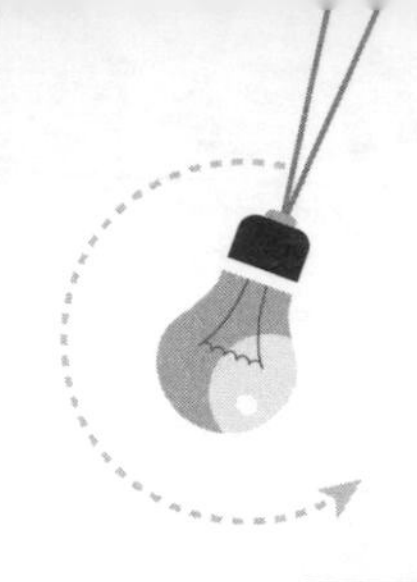

影片名稱	觀看次數	YouTube 頻道名稱
卡司蒂菈樂園 金格長崎蛋糕觀光工廠 年輪蛋糕 小火車果凍 小汽車蛋糕 扭蛋玩具 發條玩具 足球玩具 超好吃親子觀光工廠 部落客 Sunny Yummy running toys 跟玩具開箱	37 萬次	Sunny & Yummy 跟玩具一起奔跑吧 Running Toy
【棋樂玩文具】一日環保橡皮擦觀光工廠！1 分鐘內能抓幾個橡皮擦？	31 萬次	棋樂玩文具
【高雄親子】自己的文具自己做 好玩的橡皮擦觀光工廠	20 萬次	恩恩老師 EanTV
號外！！世界唯一 親子釣魚觀光工廠！！休假好趣處！！好玩	10 萬次	邱奕榮愛釣魚
高雄親子 I 一日小小店長 好吃又好玩的花枝丸觀光工廠 ── 恩恩老師上課囉	5.6 萬次	恩恩老師 EanTV

資料來源：王福闓整理製作

這時有品牌可能就會疑惑了，那為什麼這些網紅的影片能有這麼好的效益，自己的品牌卻好像拍的廣告沒人看、製作的社群內容體驗影片也很少人回應？其實這就回到了筆者之前所談的，不同的角色及不同的自媒體平台，其實也都會有很明顯的操作差異。像上述的幾個 YouTube 頻道，在 Facebook 上的表現就較為普通，反而是有的品牌因為越來越熟捻自媒體，所以在經營不同自媒體的情況下，至少能做到在內容上一致性串連，也才能夠品牌自己的面貌完整的跟消費者溝通。

善用專業但必須有品牌自己的主導性

品牌透過自媒體通過持續不斷的生產內容，希望實現自媒體帶來品牌價值的提升，但又往往因為自己過去的行銷專業與能力，不能創造出適合的內容及溝通手法。反觀眾多的「網紅」、「網路意見領袖」甚至是在數位環境成功溝通的藝人、專業人士反而運用直播、網路圖文甚至影片製作打造了明顯的個人品牌形象。貼近生活的內容和低門檻是視頻創作類自媒體的優勢，媒體內的使用者都可以是生活的創造者和體驗者，而品牌更可以扮演創造議題的角色。根據字節跳動公司分析，短視頻內容更易引發使用者互動。以抖音為例，短視頻內容的平均點讚比為 3.23%，是圖文內容的 3.6 倍，短視頻內容的評論及分享率也均高於圖文資訊。

例如像是台灣的「可爾必思」就邀請了多位認真實現夢想的高中生，結合了網紅小冰，並透過他專業的「技術流」的拍攝手法，呈現出校園及生活的美好及活力，也替品牌形象帶來正面的幫助和有效的溝通。這時以自媒體的應用，包含了在抖音、Facebook、Instagram 及 YouTube 等社群平台，透過自媒體的經營與廣告投放，與高中至大學生這群消費者溝通，並且獲得品牌認同的建立。

Happy可爾必思
11月28日19:58・

【「可爾必思」年度影片上線 觀影有賞】

07月，我們舉辦「挺你的星願」許願活動...
11月，我們為曾許下願的你們往夢想邁進！

2019「可爾必思」學生夢想紀實 上、線、囉
feat技術流人氣網紅 小冰 Lil Ice親臨指導
邀您一起見證學生的圓夢瞬間！

你也在青春之路朝夢想奔跑？
快伸手接下「可爾必思」吧！
酸甜的清爽滋味永遠在你身邊

看完影片還有驚喜送你喔～

#詳見留言處
#可爾必思
#學生夢想紀實
#來自日本的清爽乳酸菌飲料

▲ Facebook

▲ YouTube

▲ Instagram

▲ 抖音

但為何品牌在了解了網紅經營的重點和好處後，卻不好好思考自己該怎麼成長而不只是依靠網紅呢？有時想想，一個網路上不到 2 ～ 3 年的網路表演者，一下子累積了數十萬的粉絲，而且有相當高的互動及支持率。或是同樣在介紹做菜，開了數十年的餐廳可能還比不上一位新銳網紅廚師知道怎麼吸引閱聽眾關注料理的價值。「你是忘記了，還是害怕想起來？」因為有些品牌根本就沒有想好應該要跟消費者溝通，甚至都忘記了本來品牌的理念、願景。很多網紅的爆紅其實就是具有相當的故事性及個人特色，但那些想被消費者接受的品牌卻連自己的品牌故事是什麼，品牌個性該怎麼塑造與溝通都搞不清楚，當然只能在記憶中被網紅取代。

解決消費者使用習慣的溝通問題

在消費者的生活中，使用品牌的行為是需求滿足和體驗的結合，但是過去品牌在實體的環境中所能提供的條件，也因為常常不能轉化在數位世界，尤其是社群場域當中，導致消費者產生疏離感。很多品牌過去把溝通的期望放在傳統廣告、體驗行銷甚至店頭促銷，或是利用置入達到「種草」的效果。但是很多品牌還是不知道怎麼完成最後一哩路達成消費者購買，這時有些網紅就能透過自媒體幫助品牌直播帶貨達成銷售。原因常常只是因為消費者想在數位環境中能有更好的體驗及理解的資訊，在網紅的話術及生動活潑的個人主題表演下，觀看的過程既是娛樂，也是在替自己找尋解決方案的時候。網紅的流量聚集效應以及能夠創造有趣的內容，都是網紅的商業模式可持續的基礎。

還有一個問題則是品牌行銷團隊的生活方式與現在消費者的時

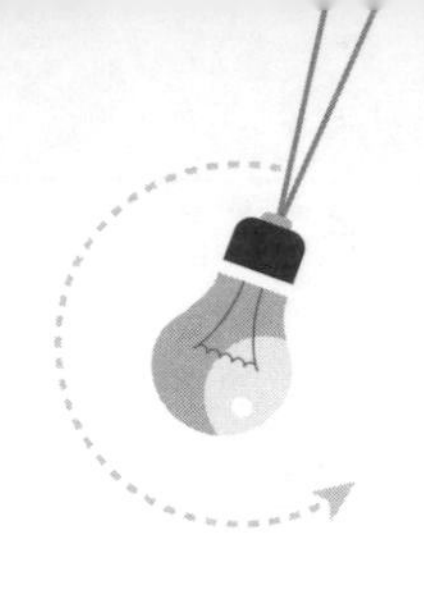

▲ Facebook：有時聚聚——未來人製造所

間產生了距離，以前就算加班或是開會，還是不少行銷人員希望網上的時間能留給自己或是家人，但在社群使用者的活躍時間卻常常是晚上 8 點過後，當消費者正開心的看著「千千進食中」或是「薄語錄」時，卻多半也只有網紅的平台在與消費者即時性的互動。集體消費的狂歡效應從情緒累積到進入高潮，要是只靠著預先規劃好的影片播放當然也能達到一定效果，卻也就失去了與消費者立即對話的機會。透過網紅幫助品牌直播與置入當然也能有所助益，但品牌自己也該思考，就像以前電視購物最後還是要品牌自己上場才能讓直接與消費者互動，那就該自己來而不只是倚靠別人的幫助。

並非品牌因此就該把自己當作網紅來經營才是唯一的路，就像品牌仍然需要廣告公司或公關公司才能把很多專業的行銷工作做好，但只靠外部的網紅來塑造出自己的數位形象，確實對品牌的整體性發展要有更周延的策略與評估。進一步來區分，在直播互動時若是以品牌本身故事甚至是特定議題的分享，老闆／同仁親自上場比較具有說服力，銷售導購時則是適合的自有網紅，其實也是公司的銷售同仁。但在開拓新市場或是增加新目標受眾的興趣時，結合外部網紅會是一個不錯的選項，然後在進一步分為主力大眾型的廣泛擴散，或是精準區隔型的深度轉化。

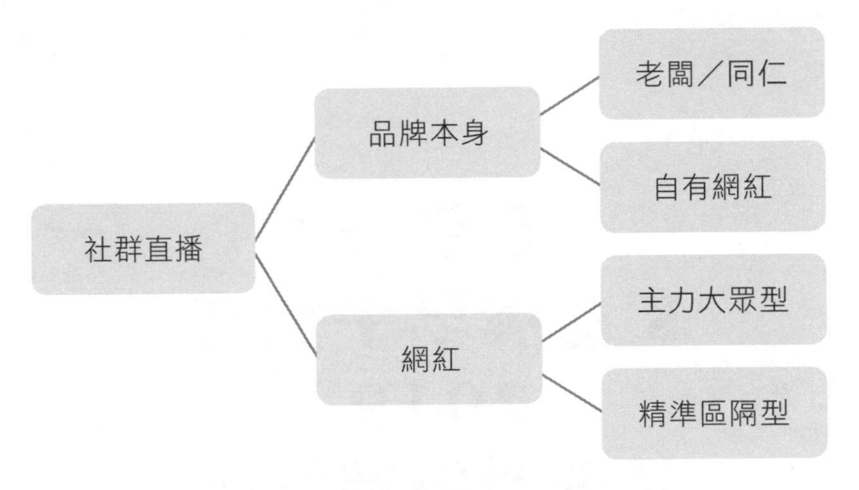

▲ 社群直播溝通對象圖

資料來源：王福闓製作

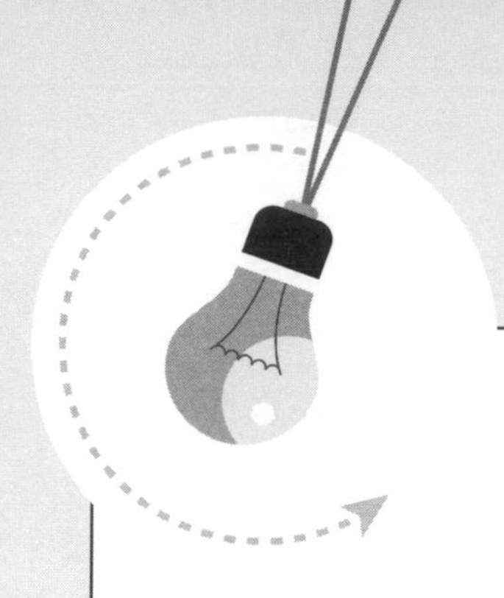

2.7

【案例一】
K 品牌早午餐店
2019
品牌運用新媒體
再溝通前置分析

前　　言

本計劃書是根據 K 品牌早午餐店 2019 年的品牌再造需求，針對提升品牌知名度來進行計劃的。凱義品牌整合行銷管理顧問公司提出如下的計劃，試圖聚焦並明確策略方向並且以便於執行。本案作為初期概念方案，尚待共識凝聚且調整。以下是現階段 K 品牌早午餐店整體情況分析：

◆ 地段分析 ◆

1. **消費力**：K 品牌早午餐店處於永康街，台北市的商業中心。永康街的消費力強，但消費群有著明顯的細分。中高收入的首選過去為東區，部分轉移到信義計劃商圈及永康商圈。永康街的其他觀光及餐飲品牌也能有效的吸引客源，但引導加入的客源，往往已經形成了固定的消費模式。
2. **地點**：不起眼的門面，並且為於窄巷。方圓 1 公里內無法發現 K 品牌早午餐店的有效指示，附近路口，停車位擁擠異常。有時消費者近在咫尺也難以發現，或是因為停車問題而放棄消費。

◆ 消費群分析 ◆

1. 主要消費人群：
    - 性別：K 品牌早午餐店中不論任何時間段消費者中女性居多而男性略少。
    - 年齡上：消費者基本為 25 ～ 35 歲的上班族，基本屬於中等收入，其中業務工作者佔有相當比例。
2. 消費力評定：
    - 消費力較平均，基本人均消費在 150 元以上，約 1/3 為團體性消費，零散消費者能佔多數但極少回頭客。

3. 消費趨向分析：
   - 主要集中在餐食上，消費目的僅為就餐。沒有太過特殊的消費趨向，對品牌概念模糊。
4. 溝通消費效果分析：
   - 未發現有效的溝通手段，溝通方式單一不具效果。沒有全新的消費體驗，可能讓消費者失望。

◆ 活動計劃與執行分析 ◆

1. 活動計劃評定：
   - 活動計劃是否足夠細緻、可行並且達到節約成本，都是品牌過去溝通的問題。最重要的，是否吸引消費。現階段的活動計劃存在，但並不細緻，而且存在臨時抱佛腳的現況。計劃的延續性差強人意，雖然較容易執行而且確實相對簡單，但效果並不令人樂觀。
2. 活動意圖分析：
   - 品牌的活動究竟是為誰而做？諸多條件限制的推廣方案和並不吸引人的社群內容，讓消費者沒有足夠重視品牌對活動內容。品牌究竟是讓客人在活動時多消費，還是讓客人們更加認識到品牌的精神所在？或者兩者皆有。如果是這樣，那品牌應該將實際的表現告知他們：K 品牌早午餐店不僅僅是吃飯的地方，也不僅僅是開會聚餐的地方，而是個人風格呈現的地方，這就是品牌的再溝通意圖。
3. 活動針對群分析：
   - 針對不同的消費群做不同的活動設置，針對不同的消費心理做不同的活動意圖區分。這樣可以讓更多的人得到自己認為最需要的消費體驗。品牌的活動設置比如牛肉美食節，讓針對的族群可以把握住，消費心理在活動中可以得到滿足。

◆ 宣傳溝通分析 ◆

1. 推廣宣傳分析：
   - 過去溝通期間的媒介廣告推廣停滯，節約的成本，躲避了廣告高峰，也給現在的推廣製造了空白區。沒有具體的媒介資源、沒有給強大的品牌支撐構架與之相當的媒介盾牌。
   - 本地媒介似乎被忽略，本地消費習慣也同樣被忽視，媒介無法有效的利用。
2. 品牌溝通分析：
   - 宣傳意圖模糊，沒有消費者明白 K 品牌早午餐店所代表的究竟是什麼。即使給了定義，在沒有實際支撐的情況下，大品牌給人框架感。
   - 宣傳面廣闊，宣傳力度前期強勁，後期疲軟。沒有具相且實際的宣傳點展現。即使消費者在前期產生品牌消費，當發現沒有具體支持時，一樣會離開。
   - 宣傳無刺激點，無實質性，無延續性。無效宣傳浪費前期成本。前期的媒介大量投放，產生暫時利好現象，給後期造成了無法支撐的尷尬局面。
3. 自媒體應用分析：
   - 是否合理、充分利用自媒體？諸多問題點是由自媒體統一解決還是沒有好好傳達。簡單地說，當消費者什麼都不知道時，也無法奢望提升認同度了。各種特殊自媒體被放棄，浪費資源的同時也在拋棄有效資源。

4. 宣傳效益分析：
   - 品牌宣傳是為了提升銷量，提升品牌認知度。當常規的媒體宣傳已經無法滿足現在的溝通模式時。全新的、更加針對消費終端的宣傳也是必要的。品牌將透過運用自媒體的宣傳下達到消費者的面前，甚至運新科技的結合其效率可能高於大眾的廣泛告知。讓品牌細分後的消費群在分別看到他們想要的東西後，產生一個統一的消費趨向。這就是 K 品牌早午餐店可以帶給他們的，更加具體、更加實際的感受。只有將宣傳真正的傳遞出去，才可以達到更加明顯的效果。

綜　　述

1. 地段是有利的，它在白天集中了台北市絕大多數的商業消費力，它產生了大量的消費力轉嫁，它是許多品牌的體驗場域。地段較為不利，即使有新的消費者有興趣但因消費習慣尚未受到品牌影響，容易因為不易尋找或停車而放棄消費，面對利弊並且合理利用媒介資源和宣傳手段是關鍵。
2. 現階段的消費者消費目的單一，且消費力沒有充分的引發出來，所針對的主要消費群對品牌沒有忠誠度。沒有具體的品牌溝通內容很難吸引消費者產生偏好，如何將內容具像化的表現在消費者面前是關鍵。
3. 過去宣傳的有效性、豐富性、廣泛性，適合更有知名度的餐飲品牌，但是利用自媒體的針對性、社群資源的整合，內容的掌控與整體計劃的合理性，才能達到更好的效果。只有將宣傳推廣紮實地進行，才可以讓品牌豐富的內涵得以展現。

4. 以上是對 K 品牌早午餐店一些具體方面的分析。因為時間不長，其中會有偏差望諒解。但很多問題還是確實存在的，只有明白了現階段的不足，在 2020 年的自媒體整體策略上進行調整才是可行的。新的計劃中將更加切合實際的進行專案服務。儘量的解決以上出現的問題，避免可能發生的其他問題。

2.8

【案例二】
K 品牌咖啡品牌
虛實整合行銷
案例

2019年K品牌咖啡新包裝上市，產品以更加年輕活力的形象展現，並邀請知名女星作為代言人，為「K品牌咖啡」進行整合行銷傳播品牌推廣。使人在嘗試及使用K品牌咖啡同時，能有「綠色、健康、自然」的品牌共鳴。希望在網路上通過年輕有趣的溝通方式，改變品牌原先傳統嚴肅的現象，大幅提升K品牌咖啡在年輕人中的品牌好感度和親和力。

目標受眾：25～35歲創業家類型的消費者

活動時間：2020.11.07～2021.1.10

推廣策略：

1. 以「尋找K品牌咖啡」為線索，以虛擬獎品為引誘，設計以極具互動性的「互搶K品牌咖啡」為活動機制。在社群用戶中掀起「尋找K品牌咖啡」的網路風潮，使「K品牌咖啡」以活力形象出現在年輕創業家的數位生活中。
2. 幫助品牌有效結合年輕創業家的線上生活興趣點，使品牌年輕化活動效果比客戶預期提升了30%，最終達到接近2萬人的參與，並成為餐飲行業網路活動活動的新標杆。
3. 結合虛擬互動空間App並搭配TVC大力推廣，邀請好友機制提升活動傳播的廣度與速度，巧妙運用激勵機制，根據邀請好友數開設人氣排行榜，將用戶的好友關係圈充分利用，並期望成功註冊的用戶中50%靠關係推薦邀請而來。

活動執行：

讓每位願意參與活動的消費者在首次登入帳號時回答問題，並領取活動的實體與虛擬參與資格。並在每間與「K 品牌咖啡」合作的店家設立一個獨立的品牌空間展示及介紹活動內容。消費者通過 App 邀請好友參加活動，同時品牌利用合作的展示空間實現「尋找 K 品牌咖啡」的品牌體驗。

活動執行重點：

1. 參與者利用累積「K 品牌咖啡」推薦好友實體店面免費體驗或邀請好友加入 App 來累積人氣排行榜，贏得最終大獎創業基金 100 萬。體驗者參與品牌活動不需要付費，並且可以認識品牌的獨特之處，同時加入 TVC 的宣傳策略引發更多消費者的關注。
2. 藉由 App 的排名爭奪機制，激發好友間的競爭性互動，有效地保持用戶的長期活躍度用戶，透過參與有趣的遊戲形式，不需要另外代言人即可提升數位社群的關注，並強化對品牌的認識與理解，達成深度互動的效益。到店體驗的消費者也可以對「K 品牌咖啡」合作的廠商有所認識，進而達到品牌結盟的意義。
3. 消費者可以通過積累推薦「K 品牌咖啡」的 App，或是參與實際體驗來獲得獎品，同時透過邀請好友的數量積累獲得人氣大獎，兩種方式的誘因充分考慮個人的興趣，品牌更具主動性的溝通機會。

品牌傳播
魔域
3

3.1

品牌人格化：一個老王村的故事

輪到筆者在品牌議題上大放厥詞之前，請容許我先說一個故事。

從前，有一個「老王村」，裡面住著的人都姓王，所以，也都叫老王。不只如此，這些老王都零售南北雜貨，所以一般人就更難區別誰是誰了。後來，不知是哪位想出的鬼點子，拿他們的個性來區分，所以就產生了「憂鬱老王」、「嘴砲老王」、「勤快老王」等不同的老王。

就拿這三個老王來說吧！他們進的貨大同小異，但又有些許不同。「憂鬱老王」除了進些一般性商品外，因為個性使然，特別會多帶些文創商品進來；「嘴砲老王」則不同，他眼光好，也會吹捧，總能說得顧客樂呵呵的，所以，「嘴砲老王」敢進一些高檔的商品，想要有好貨，去找「嘴砲老王」準沒錯。

至於「勤快老王」的想法又不相同，他寧可多跑幾趟、薄利多銷，讓有需要的人都買得起便宜的商品，是他的人生宗旨，所以，只要到他那，絕對能找到便宜貨。

差異明確存在，品牌自然存在

這三個老王有沒有差異？當然有！如果他們知道自己的差異，並且努力以此招攬符合自己的顧客，那就再好也不過了！

所以，我們可以發現，從以前孩提時的雜貨店開始，我們常常就已經在面對品牌這檔事而不自知。你喜歡去哪一家店、不喜歡去哪一家店，都關乎著我們腦海中的「品牌印象」。

關鍵思考

很多人以為，品牌是刻意「做」出來的，卻忽略品牌就是為了因應差異化自然而生。換句話說，因為想法不同，創造出一個可識別又能被記憶的差異，就是品牌的基本要素，我們藉此不斷填充完整面向，如標語、LOGO、色系、情境、商品特色、服務方式等，就構築了完整的品牌成果。

但你一定會問，如果品牌那麼容易，我們又為何老喊著「做品牌」呢？不應該是水到渠成嗎？筆者認為絕大部分都是被自己搞砸的。關鍵因素有三：

1. 本來只想成為一個代工廠，或純粹零售商，只要有錢賺就好，放棄任何想要或願意堅持的價值觀，當然也不會真正經營品牌這件事。
2. 雖然想要經營品牌，但操作手法卻像是颱風過境一般，翻來覆去而不穩定。試想，如果你去一家店，今天和明天的經營項目、服務、感受，都大不相同，你會不會無所適從？缺乏定見是現代品牌操作非常常見的致命傷！這在下一節會深入探討。
3. 雖然思考過品牌，也真的去執行，但沒有做好市場調查，你的品牌和他人的品牌雷同度過高，最後變得難以區分。例如早期的怡客咖啡和丹堤咖啡，在色系、價位、產品和服務都十分接近，常會讓消費者產生困惑，就是一個辨識度低的品牌策略。

上述第一點，其核心即意味著「缺乏價值定見」，第二點是習於看風向、跟風，第三點則是因為在未做足功課的前提下，以自身經驗為參照藍圖，卻忽略了自己和多數人的想法極為相近，造成「撞牌」的後果。後兩點都可以歸因為「跟隨主流價值」。

因此，「缺乏價值定見」和「跟隨主流價值」是品牌失敗的最大原因。

為何我們總是沒想法、跟隨他人呢？筆者認為，這多少與我們從小講求聽話的教條教育、強調外控的倫理道德、融入他人的家族家庭等，有密不可分的關係。筆者並非批論上述傳統的不是，而是反證當我們越受他人影響而缺乏自我見解時，也同時抹煞了個性。

這應可被歸屬為社會心理學認為的從眾心理（conformity）。即當決策者行動時，常會考慮他人的判斷和行為，如果脫離了大多數，會讓人產生不安感，尤其是對自己缺乏自信的時候，這種心理效應會更加顯著。

並不是說其他民族沒有從眾心理，但務必注意上述最後一句「尤其是對自己缺乏自信的時候，這種心理效應會更加顯著」——越缺乏自信，越不會有自己的想法，當然也就不會有自我個性。再加上教育、倫理、家族的外部因素，缺乏個性就變得十分合理。

由於彰顯個性並不是我們的強項，進而，我們開始擔憂個性化是一項錯誤的選擇，所以最好的方式，就是抄襲他人成功的案例。於是，所有的品牌就又變成一模一樣，然後再一起倒閉。

1990 年代引進台灣的葡式蛋塔，不就是典型案例嗎？半年不到的抄襲與市場失衡，導致倒閉潮連鎖效應。故此，行銷界還發明了新的專有名詞：蛋塔效應（Portuguese egg tart effect），以形容特定期間內，許多相同性質的店面或公司林立，並伴隨大批消

費者的衝動性消費，在不久後迅速進入衰退潮或倒閉潮。這不是個案，厚奶茶、雷神巧克力，或是 2004 年《再見了！可魯！》造成的拉不拉多、《暮光之城》系列電影以及 HBO 影集《權力遊戲》的哈士奇、《心動奇蹟》的柴犬養 / 棄潮，都是類似的案例。

建立品牌的三位圖與三步驟

回到「老王村」這個故事給我們的啟示，「品牌人格化」顯然是替品牌陌生者解決品牌難題的一條出路。日本小林太三郎教授曾提出《企業性格論》，該理論回應廣告不只是「說利益」、「說形象」，更要「說個性」，藉由品牌個性來促進品牌形象的塑造，並吸引特定族群。

於此，當我們將品牌視為一個人物來思考，他就會有不同的個性、想法、觀點，這就是品牌個性，並包含了「品牌價值」。當然，也該有符合條件的「品牌名稱」、為了能讓他人更容易識別與記憶，則應該藉由圖像化，提供「品牌 LOGO」、「品牌顏色」，甚至，就像一般人擁有口頭禪，他也該有個「品牌標語」等等。

進而，不論你站在「物以類聚」（消費者藉由消費展現自己，如 UNI Water 展現獨特自我），或是「攀龍附鳳」（消費者藉由消費拉抬自己，如中產階級消費柏金包、勞力士、瑪莎拉蒂的提升社會位階的符號消費）的觀點，一個清楚的品牌人格，定能吸引明確的目標族群，最後成為顧客。

品牌人格化的創造，各家觀點不在少數，美國品牌之父大衛．艾克（David Aaker）所提出的「坦誠、刺激、能力、教養、粗曠、激情和平靜」七種品牌個性，或是瑪格麗特．馬克（Margaret

Mark）和卡羅．S．皮爾森（Carol S. Pearson）共同提出的品牌十二原型，都是重要參考資料。

也就是說，品牌個性只是品牌人格化的外顯表現，但既然上述品牌創造的最大問題是「缺乏價值定見」和「跟隨主流價值」，那麼，影響品牌的關鍵因素也應在價值觀，也就是品牌的內在性。而能被接受的品牌價值，必須是商品足以落實展現的能力。如萬寶路（Marlboro）強調男人、男子漢的價值形象，必須有商品來支持——粗糙的菸草、濃厚的焦油，牛仔的圖騰。

但根本的問題是：你有明確的價值觀嗎？如果沒有，又怎麼能創造一個有吸引力的品牌人格呢？

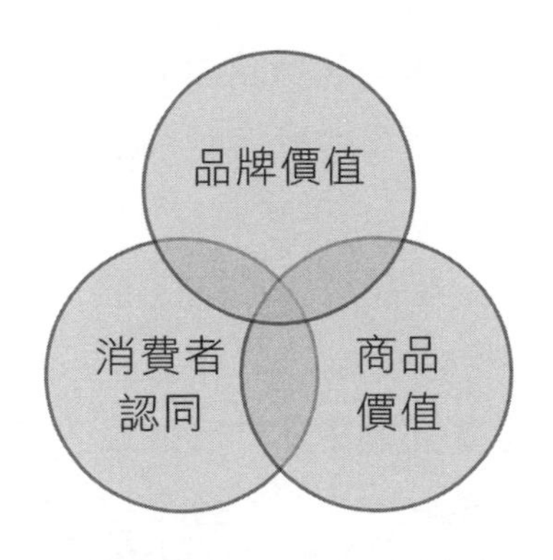

▲ 品牌價值觀三位圖

連結點	說明
品牌價值 × 商品價值	商品個別價值仍須跟隨品牌價值產生一致性，並做為品牌價值的支持點
品牌價值 × 消費者認同	相仿價值觀會勾動認同者的心靈佔有，進而達成消費行為

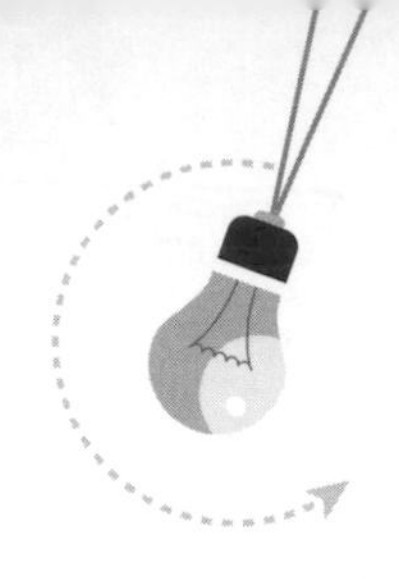

商品價值 × 消費者認同	商品價值若背離消費者認同，消費行為將容易被拋棄
品牌價值 × 商品價值 × 消費者認同	最完美的鐵粉創造者，如賈伯斯時期的果粉。人們鍾愛的賈伯斯超人、果決、堅持、完美的個人魅力展現成品牌個性，並落實在商品上。換句話說，鍾愛蘋果的消費者，骨子裡不會希望自己是個凡人。

資料來源：薄懷武設計製作

如上圖所示，當我們訂出了品牌價值，並努力實踐，商品價值便不得違逆。品牌價值吸引消費認同、商品價值引導消費者消費。最完美的就是品牌價值、商品價值和消費者認同三者完美合一，才是經營的生存王道。

最後，筆者統整以上論述，將品牌人格的建構，分成三步驟：

步驟 1：建立品牌價值觀。從價值觀往外推，建立「品牌名稱」、「品牌個性」、「品牌顏色」、「品牌 LOGO」、「品牌標語」等外顯表徵。

步驟 2：持續一致性溝通。大量的宣傳管道，進行品牌、商品、消費者之間的完整溝通，讓消費者能對品牌與商品產生一致性的認知，以提升識別、記憶、認同。

步驟 3：創造情感連結。記得有一句話是這麼說的，「家不是講理的地方。」我們努力藉由品牌和相仿價值認同的消費者連結，就代表我們有著共同心性。但與其講理——好的、對的，還不如建立感受的、同屬的關係歷程。全國電子是一個很好的案例，細節也在後文深入探討。

小結：把品牌當人看！

綜觀上述，品牌本身就具備突顯差異的能力，但問題都在於，我們自己因為「缺乏價值定見」和「跟隨主流價值」而搞砸了。所以，我們唯有找回品牌的價值觀，才能突顯品牌人格本身。

我們期待最好的狀態，是讓品牌價值、商品價值和消費者認同，達到完美一致性，如此，才會有忠誠與美好的消費體驗。

最後，筆者提出了建立品牌價值觀、持續一致性溝通、創造情感連結三步驟，讓品牌人格化的重要方法。

當然，品牌人格化的終極目標，就是為了吸引「物以類聚」或「攀龍附鳳」等相仿或攀附客群，達到最後的獲利商機。

看起來品牌非得要和商品一致不可，對不對？不一致如同謊言，將傷害消費者的信任。但下一節筆者要告訴各位，品牌沒有辦法真的一致。

3.2

品牌一致性：
無法統一的
品牌分裂症

從品牌人格化的角度來看，品牌像人一樣擁有價值觀，並且也該與人類的自我認同（identity）相仿，即對自我的價值評量，並達成內外、前後的一致性。這也是為何筆者於上一節，探討了品牌價值、商品價值和消費者認同的一體性，因為內外、前後越一致的人，才會擁有足以被辨識的特質，並吸引相仿的朋友，而在品牌上，朋友視同顧客。

但筆者也在上一節末指出，我們無法真的達到品牌一致性，似乎丟出了一個弔詭的伏筆，在此特別說明。筆者採取美國學者艾瑞克遜（E.H.Erikson）的「心理發展理論」，強調人們終其一生都在面對不同的認同問題上。因此，社會學家吉登斯（Anthony Giddens）相信，自我認同是個人根據其所經歷而形成，為了解決前後衝突、不一致，必定產生「自我反思」（reflexive），才能找到因應之道。

換句話說，品牌這個「人」，也會遇到外在的變化，而進行對應的修正。這個品牌價值或自我認同，必須盡可能避免前後過大的落差，又要兼具延續性，來不斷一次又一次完成不同階段的品牌一致性。我們可以藉由發展心理學家尚 ‧ 皮亞傑（Jean Piaget）的「認知發展論」指出，人們本身擁有「認知基模」（可視為天生與初期的基本認知模型）。但當我們遇到與認知基模不謀合時，會藉由「適應」新認知，或將其「同化」到自己的認知基模內，最後達到「平衡」階段，即短期的自我認同，來做為為何品牌一致性解釋。

這個「遇到外在的變化，而進行對應的修正」，即為「品牌再造」或「品牌轉型」。

但是，品牌的調整並不該為所欲為。2018 年，台灣高鐵公司與財團法人國家文化藝術基金會，共同激盪出的「台灣高鐵藝術元年」，首波「藝術　不期而遇」活動，以藝術家林明弘從林家古厝景薰樓的窗花發想，將其設計到高鐵的車票中，為期四個月，共 12 種窗花紀念車票，由自動販賣機隨機發出。

結合「文化、隨機」，本來是一件挺讓人興奮的事，但卻出現一個違背品牌的問題：這 12 款窗花紀念車票，共由綠、紫、藍三種顏色組成，但這完全違背了我們熟知的高鐵「橘」的品牌形象。光在符號識別上就是一大敗筆，尚不包括「窗花」等同「家」，是否能展現高鐵的價值意涵。

簡言之，如果價值觀無法抽取部分概念進行「嫁接」，而是憑空生成新價值，對於他人而言，要嘛需要「適應」，否則就得「同化」，但這次的台灣高鐵藝術元年事件，只提供了四個月的時間進行，但忽略我們花了 11 年來「適應」或「同化」原本的台灣高鐵。

世界總有不得罪品牌粉的改造策略

台灣高鐵並不是忽略品牌不一致的唯一案例，麥當勞想要擴增消費者對於品牌的認同，曾致力於「健康」形象的努力，銷售生菜沙拉等象徵商品，也不算太成功的案例。不論麥當勞多麼被家長抨擊，包括《麥胖報告》中，導演摩根 · 史柏路克（Morgan Spurlock）如何藉由 30 天的三餐都只吃麥當勞，嚴重增加了 11 公斤的批判，都不能抹滅全球麥當勞的支持人口。

但是，麥當勞真的不能「健康」嗎？其實只要找到「嫁接」的手法，不是沒有可能。

根據 2019 年 4 月 12 日《經理人》的〈連續 3 年正成長！一度營收下滑的麥當勞，靠哪兩招力挽狂瀾？〉分析，2015 年上任的執行長史蒂夫．伊斯特布魯克（Steve Easterbrook），讓店數與業績一度下滑的麥當勞，在2019年全球加盟經營500強企業（2019 Franchise 500 Ranking）中，在橫跨餐飲、科技、健康、兒童等領域的評選中，都由麥當勞拔得頭籌。

文中指出，麥當勞主要在「改善菜單符合消費者需求」，以及「數位化提升服務體驗」兩項著力。前者的重要改善，在於「採用不打抗生素、生長激素的雞肉」，換句話說，麥當勞將原本的以生菜等健康食物所象徵的「健康」，移轉到食材選取上。如此一來，既能迎合社會期待，也不必違背速食初衷。至於後者，近年來強推的手機App訂餐服務、Uber Eats合作、雨後春筍的店內自助點餐機等，更與時俱進的強化了麥當勞始終為傲的「快速、效率」本質。在從前，麥當勞以套餐化、得來速的方式，即可得到此優勢，但是，進入數位化時代，僅僅如此就顯得「老派」——彷彿一點也不快。如今，麥當勞依然得到消費者的「速食品牌」認同，並額外得到不違背油滋美味的改良菜單。

關鍵思考

想要進行「品牌再造」達到品牌一致性，關鍵方案就是避免過度講求立馬成效。舉例來說，若台南被視為慢活城市（品牌價值），老屋、自然、閒暇、自行車道的支持（商品價值），的確也具備了品牌一致性。但這個城市或許也期望擄獲更多「怕慢/不便」的觀光人口（外在變

化），容忍更多車輛入城、加蓋捷運系統等。這些都有立馬成效沒錯，但卻違背了原本慢活的品牌價值，自然也無法再得到原本觀光客的芳心（消費者認同）。

所以，我們要加一點小魔法，避開最快的方案，只要「既快又慢」就可以了。例如，我們可以建設雖快猶慢的輕軌而非捷運，可以強化環快而非城市速限等。簡單來說，品牌一致性的調整方案，必須兼顧原本的品牌價值，所以不能一步到位，僅能在兩案比較下找到折衷方案，這樣就不會讓原本的消費者錯愕了。

看著消費者長大的麥當勞 Slogan

我們繼續以麥當勞做為案例思考，來看待不斷進行的品牌變革。麥當勞在 1984 年引進台灣，先後使用了四句 Slogan，這在品牌案例中算是少見。因為，Slogan 就像是品牌的「口頭禪」，也很明顯展現著品牌的想法與個性，不可能隨便更動，但台灣麥當勞卻做了，而且，成效不算太差。

1984～1995 年：台灣麥當勞的第一句 Sloan 是「歡樂美味，在麥當勞」，蘊含兩個重點，一個是麥當勞叔叔領軍「歡樂」，另一個是西式漢堡引進的「美味」，並共創了完美童年的品牌價值。

1996～2000 年：則替換成「麥當勞都是為你」。這個時期的麥當勞，不再強調食物的美味感，也不著重場域提供的歡樂感。總之，這個時期關心消費者的感受，而不只是漢堡本身。

2001～2003年：短暫的三年中，則是使用「歡聚歡笑每一刻」。此時，麥當勞變成了聚會的重要場所，是結交友誼的重要選擇。

2003後至今：則因為英文語法的怪異，常被忽略其意義的「I'm lovin' it」。網路上擅於英文的網友，解釋其不應被翻譯為「愛」，而是「享受」，但繁體官方的翻譯其實是「我就喜歡」。筆者個人則認為，可以稍微再修正成更有自我主張的「我就愛！」會更好些。我們可以觀看部分歌詞，來發掘充滿年輕任性的麥當勞呼喊：

「我就喜歡　不是故意搞的一場糊塗
只想試一試老媽的真功夫
我就喜歡　一大清早誰都迷迷糊糊
定一定神自會找出路
我就喜歡　這個車就是我的驕傲
如果開的動我會更自豪
我就喜歡　u know hAppy　就有多年輕
有化妝品也不必擔心
我就喜歡　不管你覺得有沒有問題
我就這樣參加化妝 party」

以上應該可以發現，這四個階段就是台灣麥當勞的變化史，但究竟為何而變化呢？

先摒除外在的干擾因素，筆者認為麥當勞在跟隨著目標族群長大。從1984年到1995年這段時間來看，正好經歷了12年，如果我們從小培養一個消費者（事實上也是），這群原本的孩童，已經上了國高中了。主題曲歌詞「因為有你真心的陪伴 / 成長串起美好回憶」，充分展示原本的目標族群的成長，已到了國高中生階段，不再貪吃貪玩，而有主見，這就是第二期的「麥當勞都是為你」的介入，約略 5 年，也意味著要成年了。18 歲以後，能夠自己掌握的資本與時間都變多了，也更加的自由，所以可以和朋友 / 女友聚在一起，所以「歡聚歡笑每一刻」，直到出了社會，仍舊堅持自己所愛，那就正在使用的 Slogan。

儘管 Slogan 不斷的更動，但台灣麥當勞仍然沒有背棄自己和首代目標族群的初衷，從頭到尾，麥當勞都非常忠實的調整「美味」與「歡樂」的比例，而綜合起來，就是不同樣貌的「幸福感」。甚至，《1111》舉辦的 2019 年「餐飲幸福感調查」，台灣麥當勞也從 104 家《連鎖餐飲》脫穎而出，成為上班族票選心目中《員工最幸福》的前十大企業，可說是品牌一致性調整的極致表現。

所以，品牌一致性絕非固定不變的形式，而是「遇到外在的變化，而進行對應的修正」歷程。但要注意的是，改變必須有脈絡，避免毫無根本的「巨變」。

台灣麥當勞四階段 Slogan 意涵表

時代	1984 ～ 1995	1996 ～ 2000	2001 ～ 2003	2003 至今
標語	歡樂美味，在麥當勞	麥當勞都是為你	歡聚歡笑每一刻	I'm lovin' it
意涵	強調玩樂與食物	強調對個人的重視	強調與朋友／女友相聚的歡愉	不願遺棄的喜愛
首位主唱	無	順子	張學友	王力宏
重要歌詞（首部主題曲）	歡樂美味，就在這裡！／歡樂美味，在麥當勞！	因為有你真心的陪伴／成長串起美好回憶 歡樂時光一起分享／漢堡炸雞飲料薯條／天天滿足你需要	因為我有妳陪在身邊／有妳在／歡聚歡笑每一刻	你喜不喜歡看見老朋友的新把戲／你喜不喜歡說笑話給自己聽／你喜不喜歡三十年後還是跟現在一樣年輕／怎麼讓你更喜歡自己呢？

資料來源：薄懷武設計製作

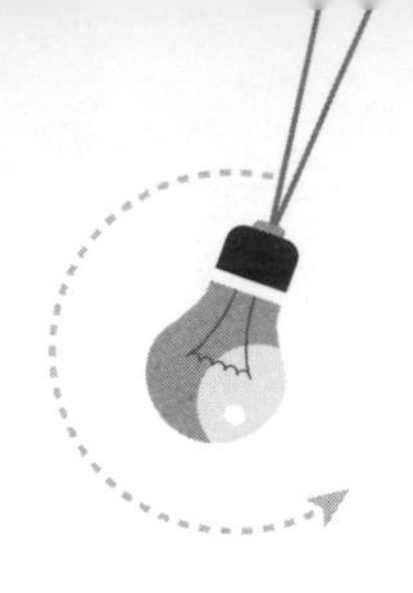

小結：不忘本的必要微調

我們會因為遇到外在的變化，而進行對應的修正，因此，品牌是不可能永遠保持一致性，但一致性卻是我們不斷朝向的目標。在進行品牌調整的過程，必須盡可能避免前後過大的落差，又要兼具延續性，否則會造成目標族群的陌生。麥當勞為了因應成長變化的目標族群（外在變化），利用調整 Slogan 的方式，展現微調後的「歡樂」和「美味」（商品價值）比例，但其根本是希望傳達「幸福感」（品牌價值），以不斷擄獲目標族群的消費者認同。

看樣子，我們必須延續的，就是一直引以為傲的價值觀，藉由微調的方式，和不同階段的目標族群對話。但是，這不是真的，沒人愛的價值觀，也能變出品牌再造後的新佳作，你信嗎？不信，下一節見。

3.3

品牌再創造：活用缺點逆轉勝

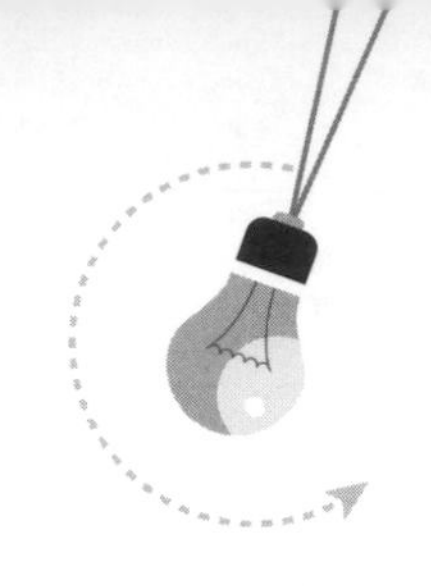

不論是創造新品牌，或是品牌再造，都能藉助 SWOT 分析、競爭者分析、市場調查等架構與方法，從優勢和機會找出利基點，以為品牌價值的基礎。但正如上一節所言，並非所有品牌都是從人見人愛的價值觀中尋找，原理在於，看待世界的角度不同，會對同一件事，產生截然不同的看法。還記得皮亞傑的「認知發展論」嗎？一般人只會想辦法「適應」或「同化」，使其與「認知基模」合一，但行銷人該做的，就是找到各種不同又合理的價值說法，然後擇優發揮。

今天要引介的案例是「全聯」，如今所主打的品牌價值，是時代變遷下的負面印象，在重新經過編碼程序再創造，以新詮釋讓品牌價值逆轉成為受喜愛的意義。

品牌魔術就在轉譯中

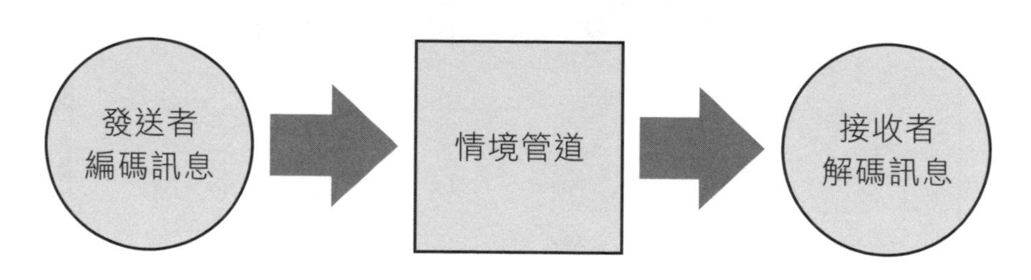

▲ 基本溝通模式圖

資料來源：薄懷武製作

讓我們從上圖，幫助大家了解溝通的基本模式。這是一張簡化的架構圖，僅從發送者到接收者，並沒有設計接收者轉化成發送者的互動關係這部分，但原理是一樣的，當接收者主動丟出訊息後，就變成了發送者，對方則是接收者。

現在，讓我們設定一個大家都能理解的兩人世界，來解釋發送者、接收者、編碼、解碼和情境管道五個部分。如下：

發送者：我喜歡你。

由上，我們可以知道，A將自己的情緒，藉由簡單的口語模式，選擇詞字進行「編碼」過程。不要覺得這聽起來很理所當然，因為他也可以這樣「編碼」：

發送者：我真的很喜歡你。

這兩種不同的「編碼」，呈現出不同的意義解讀，也就是「解碼」。第一句感覺是喜歡，第二句則更為堅決。

但是，「解碼」也並非是恆定正解的。接收者有其主觀意識，會根據自身的期待、經驗、聯想，來理解訊息所傳達的意義，所以「解碼」的詮釋有可能是多元的。拿第二句繼續思考，接收者的理解至少有可能出現以下三種變異：

1. **第一種可能，他非常喜歡我。**

   接收者解讀：從字義上「真的」、「很」、「喜歡」，理解對方強化表達的意圖。

2. **第二種可能，他只說喜歡我，但不是說愛我，我們沒辦法再往前跨一步。**

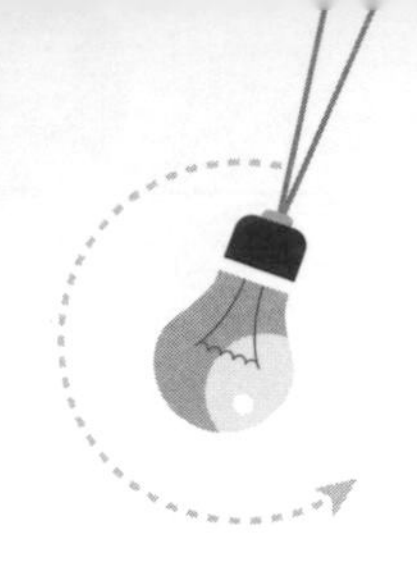

接收者解讀：接收者具備了交往期望，當訊息並沒有顯露出自己的期望時，會解讀為對方的好感不如預期。

3. **第三種可能，他那麼強調「真的很喜歡」，是不是根本不愛我的禮貌話？**

   接收者解讀：跟第二種接收者一樣具備了交往期望，但不同的是，第三種接收者的天性更像是懷疑論者，在沒有定論前，會揣摩話語背後的真正動機。

除此之外，我們還需要兼顧不同情境管道下的溝通結果。如上這句話，可以在看夜景時說出，你的解讀可能會更正面；但若在遊樂場、閒聊空檔，或愚人節的聚會上，則會產生不同的效果。甚至包括溝通媒介，如電話、面對面等，都有所差異；還可以視表達方式，如送花後表達、乾杯後表達也完全不同；最後，則是干擾因素，如在眾多支持自己的親友，跟陌生人的效果不同。

如果把上述放在行銷面，則分別是宣傳時機、媒體媒介、表現內容和干擾因素。

現在，我們可理解「編碼」和「解碼」中間，是可以玩弄的空間，筆者把它稱之為「轉譯」，這就是全聯的品牌逆轉勝，以及品牌創意的一大例證。

從全聯微觀魔鬼細節

在分析之前，讓我們先來回顧一下全聯簡史。現在大家所認識的「全聯」，全名為「全聯福利中心」，其前身為從軍公教福利中心拆分出來，以供銷公教福利品為主的「中華民國消費合作社全國聯合社」，所以簡稱全聯社。

這樣的合作社，源自 1952 年 3 月所公布《中央文職公教人員生活必需品配給辦法》，可見軍公教福利中心距今大概也有一甲子之遠。成立主要目的，為大戰後滿目瘡痍、物資缺乏，加上軍公教薪水微薄，為了補強基本物資需求之故。軍公教福利中心曾提供類似糧票的形式兌換政府發放的物資，或是以低於市價的價格購買生活用品。直至後來時過境遷、政策改變，於 1998 年，正式民營化為「全聯實業股份有限公司」，接收全聯社原有的 66 家店面，才轉型為第一代的全聯福利中心。

從全聯的發展史，我們可以看到許多象徵符號，其中有兩個特別顯著重要：

符號 1：軍公教。軍公教一直給予我們許多人的印象，就是一板一眼，這稱不上錯覺，但也的確不是一個好的認知。

符號 2：福利中心。福利中心則有兩個刻板印象，第一種是東西便宜，第二種是環境很差。

一板一眼、便宜、環境差這三者，似乎只有便宜是值得賣弄的品牌訴求。但如果只打便宜，最後難免還是回到軍公教福利中心的老路，不可能真正的轉型成為今日生鮮、有機、數位化的二、三代全聯。此外，正如筆者在上一節所言，品牌再造和品牌轉型，「必須盡可能避免前後過大的落差，又要兼具延續性」，所以品牌符號的延續，再加上「轉譯」後的創意，就變得格外重要。

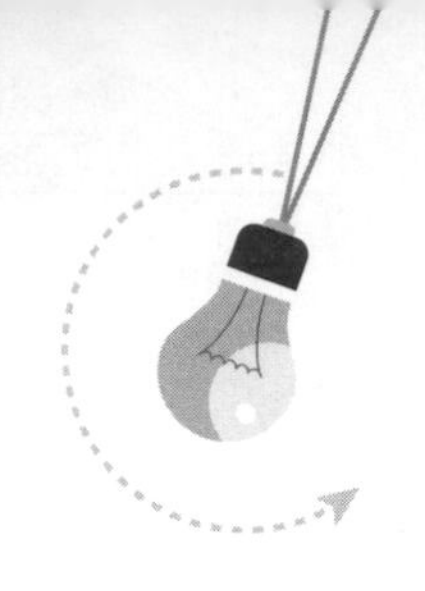

1998～2000	2000～2006	2006～2011	2012～
初創期	擴展期	形象期	新型態期

▲ **全聯經營分期圖**

參考 https://www.managertoday.com.tw/columns/view/52233，薄懷武整理重製。

這可不是隨便的便宜

參照《全聯經營分期圖》，全聯初期的確是走便宜這條路。2006 年，進入全聯形象期，也是正式和奧美廣告合作的開端。那年，全聯出了兩支廣告：「豪華旗艦店篇」和「找不到篇」，提出「沒有醒目的招牌，沒有停車場，沒有拋光地面，因為全聯不會讓你付錢去買那些帶不回去的東西。」

上述的訴求清楚地告知消費者，為何全聯夠便宜。是因為便宜沒好貨嗎？不是！是因為環境差。但這個環境差是有道理的，因為全聯不把錢花在這些「表面」的事物上，反而趁機樹立了一個「為消費者而省」的典範。這就和屈臣氏的「買貴退差價」的便宜不一樣，多加了一點全國電子「揪甘心」的人情味。

於是，全聯將弱勢轉換成優勢，成為品牌逆轉勝的經典案例。你不會覺得違和，甚至更加合理。這就是筆者剛才提出的「轉譯」發揮了功效，讓負面詞彙變成正面解讀。

如果只是「為消費者而省」的合理化便宜，雖不算太差，但就等於完全放棄了長遠的歷史背景，所贈與全聯的品牌養分。不過仍是同樣的老問題，含有軍公教色彩，這樣一板一眼的八股氛圍，和逐漸自由的世界觀背道而馳，怎麼看都像是品牌負資產。

所幸，創造了「全聯先生」這個角色，來承繼軍公教福利中心的品牌價值。「全聯先生」和傳統品牌代言人特性——輕鬆、美型、知名等大異其趣，但卻恰到好處的表演手法——平鋪直述、沒有情感、疏離隔閡等，不正好是軍公教一板一眼的正面表現嗎？

如此一來，一板一眼、便宜、環境差在 2009 年匯集，成就了品牌印象高峰。那一年的全聯，將軍公教的歷史感，和古早的大會操結合，再以省錢為主軸，演化成一板一眼但 Kuso 的「省錢運動」CF 廣告，也埋下目標族群年輕化的基礎。

2014 年，全聯邀請前統一超商總經理徐重仁接掌總裁，在 2015 年達到另一個階段的高峰「全聯經濟美學」，隱約浮現了 7-11 的影子，卻是漂亮升級的里程碑。這次又再度成功「轉譯」，讓本來省錢可能只是「窮」或「摳」，變得更加合理化，並且直指年輕人的心懷。例如以下幾篇文案，就相當耐人尋味：

「長得漂亮是本錢，把錢花得漂亮是本事。」

筆者解碼：漂亮的人要把錢省得漂亮，好花在讓自己漂亮的事上。

「來全聯不會讓你變時尚，但省下來的錢能讓你把自己變時尚。」

筆者解碼：全聯或許不是年輕人認為的酷炫之地，但省下錢你就可以酷炫了。

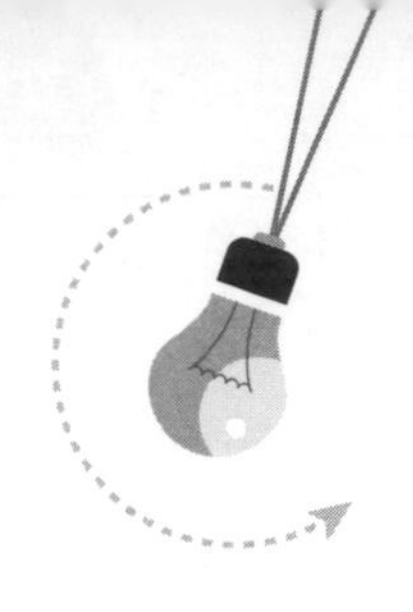

「預算是有限的，對美的想像永遠無限。」

筆者解碼：我雖然錢不夠多，但只要懂得省錢之道，就能花在美麗的事物上。

省錢其實有著更大的理想，是生活的分配、時尚的追求、美感的想望，甚至包括環保的想像：「為了下一代，我們決定拿起這一袋。」為何這麼堅持「省」？原因是「幾塊錢很重要，因為這是林北辛苦賺來的。」這就是新一代面臨錢不夠用的困窘難題，而全聯提供了省錢的經濟哲學，讓省錢有目標、不再難堪、更有意義。於是乎，全聯從第一品牌階段「價格階段：實在真便宜」，順利走入第二品牌階段「價值階段：買進美好生活」，同時，消費者更加年輕化，漂亮的二度轉型。

關鍵思考

如何不被觀點束縛，而錯失了品牌逆轉勝的機會？簡單的方法，就是要將身邊的負面訊息轉化成正面訊息。例如，一個男人不夠有男人味，或許我們可以發現他斯文；一個人有點吝嗇，你可以說他勤儉；一個女孩不算漂亮，但或許有點可愛……如此不斷將負面資訊予以正向表述，你就會習慣先思考，如何讓品牌的負面性，「轉譯」成正面價值。

小結：持續品牌繼承與轉化

筆者在上一節提過，當品牌遇到外在的變化，而進行對應的修正，必須盡可能避免前後過大的落差，又要兼具延續性。但當品牌價值呈現負向解讀時，則須利用重新經過編碼程序再創造，以新詮釋讓品牌價值逆轉成為受喜愛的意義。因此，「轉譯」就變成十分重要的能力。

當然，「轉譯」的操作是發送者在理解目標族群「解碼」偏好的前題下，刻意進行的預先「編碼」設計，以造就可預期的解讀結果。簡單來説，一切都是設計過的，以讓品牌對於特定族群，產生意義與情感的連結。下一節，我們將進入品牌故事的領域，與大家共同探索如何利用故事與情感元素，展現品牌的價值。

3.4

品牌故事 1：
從理性到
感性行銷的
大論戰

上一節我們探討過基本溝通的原理，品牌行銷所進行的價值觀投放，是發送者在理解目標族群「解碼」偏好的前提下，刻意進行的預先「編碼」設計，以讓消費者將自我價值與品牌價值產生投射與連結，也就是利用「轉譯」來操作接收者「解碼」後的認知。

為了達到更有效的認知操作，品牌故事便成了新的「轉譯」伎倆，它將原本要傳達的價值觀、訊息，全部轉化成故事敘事的方法呈現，以便更能在潛移默化前提下被吸收。然而，這個在台盛行約十幾年的故事行銷觀念，其實在過往早已存在，當時只能算是眾多行銷策略的選擇之一，如今因為諸多因素成了必備王道，才更加被重視而已。

故事行銷體系的數位化必然

印象中，第一次聽到故事做為行銷思考的著作，是 2003 年轟動出版的《紫牛：讓產品自己說故事》，唯非故事行銷體系專著。但在之後由丹尼爾 ‧ 品克（Daniel H. Pink）所撰寫的《未來在等待的人才》，闡述未來將從理性轉向感性的世界，其中第二個分析架構「不只有論點，還說故事」，則屬筆者第一個支持觀點。書中指出，現代人面對過量資訊，一昧據理力爭是不夠的，總有人會找到相反例證來反駁你的說法。因此，想要說服別人，不是靠理性論述而已，非得製造出故事情境來。知名的案例可參考熟知的「海洋拉娜」：

1952 年，美國太空總署火箭燃料科學家 Max Huber 博士，在一場研究室爆炸中，燒毀了顏面與手部的肌膚，世界皮膚科名醫都告訴他，「你的臉已經救不回來了。」

有一天，他在聖地牙哥的海邊散步時，發現採收海藻的漁夫的臉雖然粗糙，卻擁有一雙細緻的雙手，這引發他著手於海藻研究，歷經 12 年、6 千多次的實驗，終於成功地研發出可以治療燒燙傷的乳霜，並治好了自己的疤痕。而這款神奇的乳霜，就是知名的海洋拉娜（LA MER）。

這個故事告訴我們許多重要的符號訊息，例如「美國太空總署火箭燃料科學家」象徵的頂級與科學、「引發他開始於海藻研究」暗示了天然的成分、「歷經 12 年、6 千多次的實驗」代表難度與珍貴、「治好了自己的疤痕」則傳達了傳奇性的效果等。在短短不到 200 字的敘述裡，丟出了這麼多重要訊息，而且比起一般行銷文案，更能讓人接受、記憶與喜愛。除了故事能在資訊爆炸的現在，以極短的時間，成功向消費者投放諸多訊息而受重視，更進一步的是，微電影行銷的發明，帶起新一波關鍵推波力。

微電影這個詞彙，源自吳彥祖代言的新款凱迪拉克 SLS 廣告。該廣告取材了微博的微小說《一觸即發》，因需製造行銷魅力與話題，而命名為「微電影」。為強化「微電影」的電影正當性，廣告拍完還有殺青新聞，並且對外宣稱首映日等，幾乎完全模擬電影製作流程，以取信觀眾。微小說同名微電影《一觸即發》於 2010 年 12 月 27 日晚上八點半，在央視首映，並宣稱是全世界最短的電影。

後來許多年，微電影行銷也在我國蔚為風潮，比起一般強調文字敘事的故事行銷，微電影搭配著不斷進化的手機等拍攝設備，變成上到企業、下至學生都可以完成的新行銷遊戲。此外，播映的方式也走向親民路線，不再只是追求高價的電視播放，也會走向店面自媒體、影音部落格、YouTube、Facebook 等社群平台。主要原因在於，拍攝與剪輯的數位化，早已命定了播放平台的數位化，自然也會傾向數位使用者為接收者。也就是說，沒有數位，沒有微電影的流行。

從理性邁向感性的行銷

沒有數位，沒有微電影的流行，這是真的嗎？筆者深信媒體形式扮演著重要角色，媒體大師馬歇爾・麥克魯漢（Marshall McLuhan）曾說：「媒體即訊息」，意即媒體的形式會鑲嵌到訊息的內容，成為一部分。當我們開始大量使用數位媒體的同時，大量具備故事意涵的影像，就自然深入其中，也是筆者初步的假設來源。

筆者進一步引用美國作家、教育家、評論家尼爾・波茲曼（Neil Postman），在《娛樂至死》一書中，將媒體分成以蘇格拉底為代表的口語傳播時期、印刷機為代表的文字印刷時期，和電視為代表的圖像時期。由於第一時期並非大眾傳播階段，故暫且不表，直接進入第二時期。

所謂的印刷機為代表的文字時期，其實就是強調理性、有知識做為基底的價值觀，沒有印刷、沒有真相。作者指出目前所知最早的廣告，出現在 1704 年的《波士頓新聞信札》。當時出現三則付費廣告，僅占四英吋；其中兩則與抓小偷或找尋失物的懸賞有關，並非商業用途，僅一則是賣屋廣告，但卻與現在的廣告認知大異其趣，內容如下：

在紐約長島的牡蠣灣，有一個很好的漂洗作坊，可供出租或出售。此處亦可做為農場，有一個新造的磚石房屋，旁邊有另一個房子可做廚房和作坊，有糧倉、馬廄、果園和 20 畝空地。作坊可以單獨出讓或和農場一起出讓。有意者可向紐約的威廉姆．布賴德福特．普林頓詢問詳情。

讓人難以下單，對不對？超過一個世紀後，民主黨重要的參議員史蒂芬．道格拉斯（Stephen Douglas）還是堅信：「廣告需要的是理解，而不是激情。」

直到 19 世紀末，廣告才開始出現感性化的口號，首見於駱駝牌香菸：「你按下按鈕，剩下的我們來做。」、「看見那頭駱駝了嗎？」1896 年，亨氏公司首度使用了嬰兒照片來製作廣告——一個可愛的寶寶坐在娃娃椅裡，前面擺著麥片粥，手裡拿著調羹，充滿喜悅的感覺。這時候，報紙廣告的圖像化，剛好順勢可以在 20 世紀初，與新發明——電視接軌。

這就是從理性的「文字印刷時期」轉向到娛樂的「圖像時期」的歷程，而媒體的形式的確扮演重要的關鍵影響力。

口語傳播時期
- 代表：蘇格拉底
- 特性：言說、修辭、表演情境
- 重要行銷模式：傳說

印刷機時期
- 代表：印刷機
- 特性：理性、智慧、銘記、意義
- 重要行銷模式：書報雜誌

圖像時期
- 代表：電視為主的娛樂媒體
- 特性：感覺、非線性、畫面、愉悅
- 重要行銷模式：圖影

口語圖影時期
- 代表：數位社群為主
- 特性：直覺、感覺
- 重要行銷模式：圖影為主的內容，文字的人際交流

▲ 媒體轉向四階段圖

資料來源：薄懷武設計製作

但是，尼爾 ‧ 波茲曼於2003年過世，只看到了數位化的初期階段，沒看到如今數位環境中的社群媒體，對於我們的影響力。筆者按維基百科眾人對於社群媒體的定義，其為「人們用來創作、分享、交流意見、觀點及經驗的虛擬社區和網絡平台。」換句話說，人際交流變得重要。

這不禁讓筆者想到尼爾 ‧ 波茲曼提到的第一期「口語傳播時期」，該時期強調以口語方式，傳頌著遠方或遠古的傳說故事。但不同的是，該期的接收者並沒有辦法看到圖像，一切都只能依靠發送者的口語表達與表演能力，交託出無數的故事，再進行想像的「解碼」來理解。但到了數位社群這個階段，一樣需要人際交流，但交流的內容，主要為可視的圖影，而交流的方式，則是以文字代替口語。很顯然的，進入社群時期，我們彷彿是「口語傳播時期」和「圖像時期」的綜合版，故此，筆者斗膽將本時期列為第四期，定名為「口語圖影時期」，強調圖影、文字的人際交流。

故事成為最好的品牌行銷溝通工具

回味一下筆者的論述基礎品牌人格化——將品牌視為人而看待，而社群則做為人際交互傳播的思考，兩者正好完美「嫁接」，更別說前文提到感性已是趨勢。在社群媒體上，品牌可以更輕易的藉由小編化身為人的角色，與消費者直接的溝通。現在，讓我們來認識一下，故事進入「口語傳播時期」和「圖像時期」的綜合版——「口語圖影時期」，會產生何種效果？

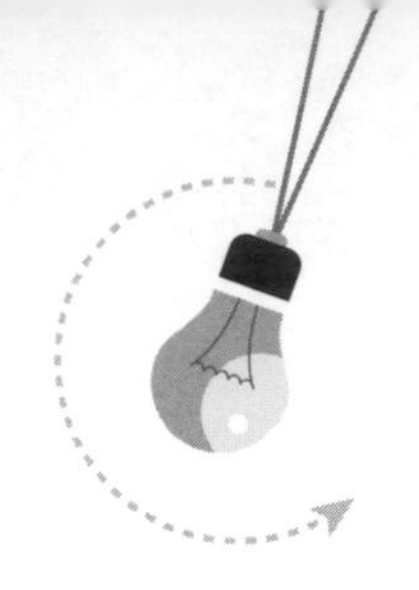

效果 1：更容易接受陌生。新進品牌由於陌生，常會讓消費者卻步，但透過故事，有機會拉近距離。2007 年，其貌不揚的保羅 · 帕茲（Paul Potts）參加了英國達人秀，以一首《公主夜未眠》技壓群雄，造成世界轟動，之後並來台演出，筆者也特地前往聆聽。中場休息時，從隔壁兩位女性的交談內容發現，其實根本不懂歌劇，只因為保羅的故事而來。因為專業分工化的緣故，多數人並沒有認知其他商品的專業能力，常需利用故事來判別是否值得。

效果 2：容易記憶的行銷。當商品過剩、行銷資訊爆量，關鍵點就在記憶上了。行銷廣告專家山姆 · 羅蘭 · 霍爾（Samuel Roland Hall）於 1920 年所提出的 AIDMA 法則，比原本海英茲 · 姆 · 高德曼（Heinz M. Goldmann）所提出的 AIDA 還多一個 M，也就是 Memory。人類有數種記憶能力，而其中長期記憶，則令人思想得以穿越時空回到過去，並幫助人們處理消化過去的經歷，對周圍環境做出判斷，並由此預測未來。顯而易見，這就是故事，故事具備長期記憶，能在資訊眾多的數位行銷環境中脫穎而出。

效果 3：更容易感受認同。由於故事是人物發生的事件，比起理解概念更輕易，我們在「海洋拉娜」中已有分析。筆者再拿伊蕾特為例，天底下的布丁那麼多，口感也差異不大，何必非得吃特定品牌？但在伊蕾特品牌故事中，布丁奶酪是做為一個父親，看著孩子在準備聯考時，茶飯不想的消瘦，而想出的對策，也順利帶著孩子闖過難關。於是，我們可能喜歡這個故事，也或者認同父母的愛，同時潛在相信食品的安全性，最後達成了消費。

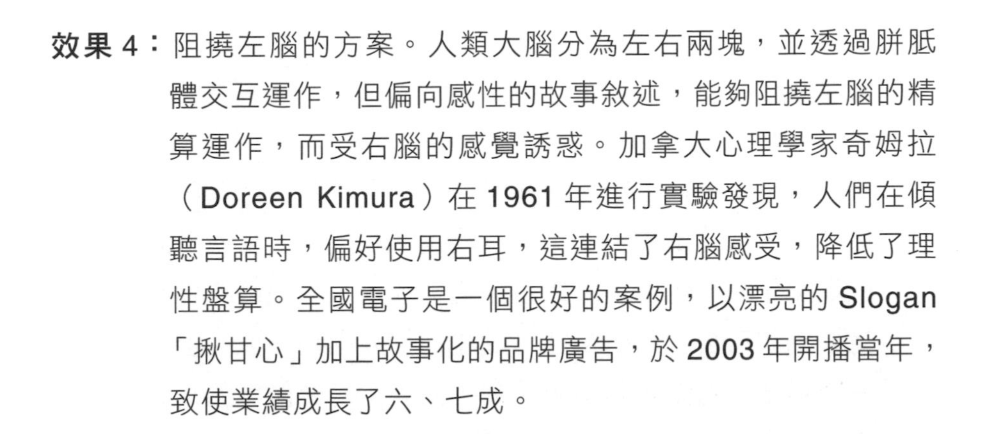

效果 4： 阻撓左腦的方案。人類大腦分為左右兩塊，並透過胼胝體交互運作，但偏向感性的故事敘述，能夠阻撓左腦的精算運作，而受右腦的感覺誘惑。加拿大心理學家奇姆拉（Doreen Kimura）在 1961 年進行實驗發現，人們在傾聽言語時，偏好使用右耳，這連結了右腦感受，降低了理性盤算。全國電子是一個很好的案例，以漂亮的 Slogan「揪甘心」加上故事化的品牌廣告，於 2003 年開播當年，致使業績成長了六、七成。

筆者發現，在全國電子初期的品牌形象廣告，以故事形態大打「12 期零利率」、「買多少，免息借多少」、「一日安裝冷氣」等訴求之前，部分早在店頭已經鋪陳過，但效果不如預期。如 2001 年 11 月，全國電子就已經首創家電 12 期 0 利率，但當筆者跟家人談起，卻沒獲得正面的回應。家人的回答讓我印象深刻：「就算能分期，總價還是比較貴」。只是，經過數年的品牌故事洗腦後，當我再次提及全國電子時，已經沒有人會精算誰貴誰便宜，而只記得當年廣告殘留下的「揪甘心」。故事雖然沒印象了，但精華就在那款 Slogan，訊息已經傳達了。

由上，可以簡化故事進入社群中，擁有「接受陌生」、「強化記憶」、「發展認同」和「改變認知」四種效果。簡言之，在按讚的交友許可之後，以故事做為交流，就變得更像朋友與朋友之間的口語傳播關係，而忘卻品牌本是一個企業或眾多商品的集合體。重點就是擁有足以人際溝通的內容，採取直覺、感覺、無負擔的方式吸收行銷訴求。

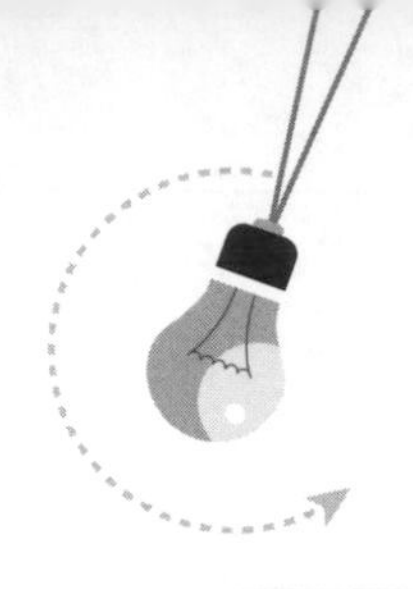

關鍵思考

如果我今天跟別人說我的價值觀，應該很無聊吧？但各位應該都聽過龜兔賽跑吧？就是一隻兔子和烏龜賽跑，因為兔子驕傲犯懶，所以讓烏龜獲勝了。這個故事傳達了重要的價值觀：勤能補拙。勤能補拙大家都知道，但就是沒有辦法比龜兔賽跑印象深刻。其實，耳熟能詳的故事，都能很容易傳達觀念，《聖經》不就是這樣嗎？

小結：人因故事更社群

本節藉由引據尼爾・波茲曼的「口語傳播時期」、「印刷機時期」和「圖像時期」，不但發現了媒體形式扮演著重要角色，也呈現從理性邁向感性的趨勢。筆者根據當下舉足輕重的社群媒體為例，發現其特性類似「口語傳播時期」和「圖像時期」的綜合版，故斗膽發展出第四期「口語圖影時期」，以故事為內容——重點就是擁有足以人際溝通的內容，採取直覺、感覺、無負擔的方式吸收行銷訴求，足以在大量資訊的環境下，達成「接受陌生」、「強化記憶」、「發展認同」和「改變認知」四種效果，品牌故事社群化，油然而生。

如果品牌故事和社群的關係清楚了，接下來，就是選擇故事的時候，難題是：「故事該是真的，還是假的？」

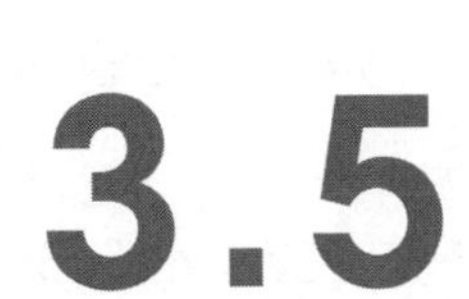

品牌故事 2：
真實、虛構、
加油添醋？

「故事該是真的，還是假的？」探討行銷故事真實性是本節的命題。但嚴格來說，這是一個假議題，因為所謂的真實故事本身，乃藉由一個主角的觀點進行與完成的過程，本質上就參雜了主觀，某種程度已不完全真實了。以黑澤明執導的《羅生門》為例，雖然箇中角色基於自己的利益而主觀扭曲了同一事件的原貌，但卻相當具備合理性，因個人的視角是無法全觀的。用筆者的說法，再真實的故事，都有「轉譯」的可能。

因此，我們必須先替真實故事進行定義：「故事發生的重要事件和主角的歷程反應，都與當時狀態相符」，若從頭到尾都不存在的事件，或在創作的過程後，才發現與某真實事件雷同，都應被定義為虛構故事。

真實故事在社群中的正向繁殖

經驗上來說，在不評論故事的述說、傳播的技巧下，真實故事總是比虛構的好。原因在於消費者認同上，藉由虛構故事，得以認知品牌價值，但透過真實故事，還能額外增加「窺秘」的效果。還記得筆者談過，每個人擁有自己先天的「認知基模」，但當遇到自己沒有預想到的新事物，除了害怕之外，就是將其視為一種「奇觀」。因此，真實故事越傳奇，就越奇觀、越引發好奇心。

然而，社群網站的維繫基礎之一，則在於人際之間，藉由內容物的交換而來。《反本能：找回自控力》的作者衛藍，根據遠古求生本性來看，越先掌握猛獸動態的人，則足以保護安全，自然也成為受歡迎的人。如此，放在社群網站環境中，越擁有足夠的交流資訊，也會更加受歡迎。這樣的歡迎，將會從可量化的技術獲得：按讚、心情、留言與分享等互動方式。越特別的真實故事，不就更容易擄獲互動性嗎？

再者，社群網站的「演算法」也加速了真實故事傳遞的可能性。曾任白宮資訊及法規事務辦公室主任的哈佛大學法學院教授桑斯坦（Cass Sunstein），在 2018 年出版著作《#Republic: Divided Democracy in the Age of Social Media》，曾提過社群媒體根據用戶個人喜好推播內容的演算法，正在把社會「同溫層化」。言下之意，我們已經以自我意識「選擇」誰是社群朋友，「演算法」幫助我們進一步篩選，讓觀念更相近的朋友，能獲得真實故事的內容。於是，在沒有干擾因素的前提下，將造成「讚者恆讚」，否則就是「黑者恆黑」，品牌行銷似乎更容易藉由真實故事找到「同溫層」，因此，真實故事在社群網站的互動下，更容易產生正向的結果，接觸準消費者。

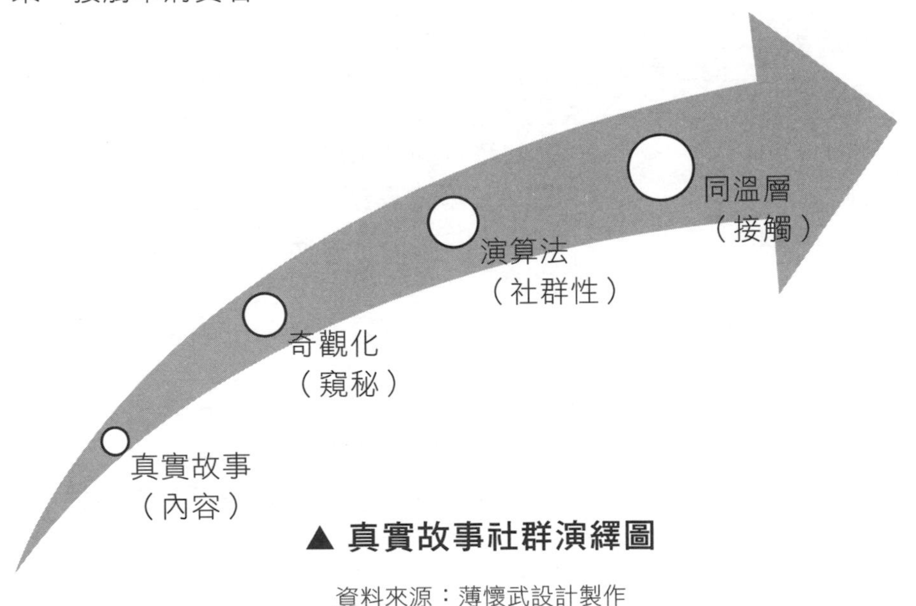

▲ 真實故事社群演繹圖

資料來源：薄懷武設計製作

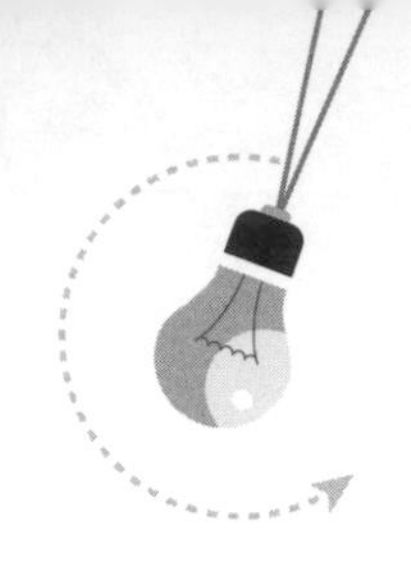

何時真實，何時又該虛構？

真實品牌故事的確很有效，但不是所有品牌都能達成。筆者認為，主要就是兩個面向的問題：故事傳奇性和故事技術性。所謂故事傳奇性，在於故事本身的獨特性與魅力；故事技術性則強調故事表現品牌與挖掘傳奇的能力。如果品牌本身具備故事傳奇性，又有足夠的故事行銷技術提煉，決定使用真實故事的可能性就十分之高。但如果其中一種能力低落，則非得虛構不可。筆者藉此設計以下表格以分別論述。

品牌故事常見問題分析表

品牌故事問題	問題形式	問題詳述
故事傳奇性	生活平淡與目標平庸	最常發生的品牌問題： 第一，創業只為了賺錢，常散見於只想做點小生意糊口的創業者身上。 第二，或是創業理想薄弱、平庸，與其他創業者差不多，造成品牌無差異化。 相較營收的「務實」，和品牌的「務虛」，台灣華人似乎更擅長前者，這和筆者前文提及，缺乏自我價值有明顯關聯。

<table>
<tr><td></td><td>忽略生命故事的重要性</td><td>這類不一定缺乏故事，而是沒有把故事當一回事，筆者分別論述：
第一，生活常態化。
正如我們會將他人的生命歷程當成「奇觀」，那也多半會將自身經驗當成理所當然，所以，覺得沒有任何故事足以告知外人。
第二，缺乏故事意識。
無法有意識地蒐集故事，造成真實故事資源不足。快樂髮型曾出過兩本《感動九九》，就是將顧客、設計師、助理、主管之間，發生過特別的經歷，整理出每本 99 篇的真實故事，這就相當有「故事意識」的操作。</td></tr>
<tr><td rowspan="2">故事技術性</td><td>品牌故事概念薄弱</td><td>經營者在此將面臨兩道難題：
第一，必須先有充足的品牌認識，才有能力提煉品牌價值。
第二，必須擁有足夠的故事行銷知識，才懂得如何將品牌價值「轉譯」到故事中。
創業維艱，故經營者不懂、誤解品牌與故事皆屬常態，導致無法找尋適當又真實的品牌故事。</td></tr>
<tr><td>缺乏深掘故事的技術</td><td>這和「忽略生命故事的重要性」是一體兩面，本身雖擁有故事存在，但缺乏挖掘、美化、呈現等技術，造成最後效果不彰。</td></tr>
</table>

資料來源：薄懷武設計製作

但除了上述缺乏故事傳奇性和故事技術性之外，有三種情況，虛構故事更甚過真實故事，分別如下：

情況 1：**虛構世界的品牌故事。**以妖怪村為例，沒有什麼會更勝過枯麻、巴豆這些妖怪所創造出來的世界觀，妖怪們所發生的事件，將創造整個妖怪村的品牌形象、價值、風格等。

情況 2：**刻意忽略東家品牌。**2012 年，迪士尼集團底下的迪士尼影業，買下了一手創造星際大戰知名導演盧卡斯的影業，接手未來星際大戰系列作品。但可以想像的是，一向講求闔家、歡樂的迪士尼品牌，其實內在和星際大戰並不完全磨合，故在品牌故事的設計和操作上，宜忽略迪士尼和創造者盧卡斯的角色，而以星際大戰本身商品做為品牌思考，使其獨立於迪士尼。

情況 3：**讓商品品牌自己說故事。**當商品魅力高過於創始者時，則應該賦予商品品牌獨立的故事情節。2016 年獲得坎城娛樂金獅獎的《小時光麵館》，就是一個以重拾統一麵舊時情懷的虛構故事。它的操作手法很像之前談過的全聯，一樣是老東西、一樣有缺點，但不同的是，在這裡，回憶操作成情感元素，並解決泡麵簡陋的印象、提出新飲食想像，對於逐漸擴增的外食族而言，真是一個漂亮的「藉口」。除了網路推動外，還加上了快閃實體店的成立，讓屬於統一麵年代的族群能夠懷舊，後統一麵時期的族群可以文青式打卡，完美結合體驗行銷。

但無論如何，在社群網站的虛構故事操作，和真實故事直擊同溫層是一樣的嗎？

由於虛構故事並無法「窺秘」，所以好奇心的動力就消失了。但是，社群網站不只是友誼維繫工具，也是現實抒壓工具，故此，「趣味」就變成最能引起注意的重要虛構故事形式。以日本兵庫縣比內地鶏専門とりしげ串燒店為例，主要商品為串燒雞串，為強調雞肉新鮮的價值觀，便創造了一個以雞為主角的故事，很努力在避開狗的追食，終於來店報到的故事。由於「雞主角思維」、「自願去串燒店報到」等，相當吸引人們注意。

這是相當可以理解的，社群世代相對年輕化、「小確幸」代表著不夠幸福，對於「趣味」的接受度相對大很多，不但是世代屬性的彰顯，也可說是自我補償心理。但是，我們不只靠喜劇補償來紓壓，偶爾也需要「情感」的自我投射渲洩。泰國人壽等該國企業，很擅長操作情感面；我國有中華三菱汽車回家篇、大眾銀行夢騎士篇等，都是曾經引起轟動的感人故事。「情感」雖然範圍挺廣，包括親情、友情、愛情三類，但操作足以洗滌人心的故事，通常僅從圖文很難達成，多半需要影像製作，門檻與細膩度要求相對較高，具備「虛構傳奇」特性，從製作成本與能力、接受度各角度來看，「趣味」普遍性常高過「情感」許多。

但不管從何下手，虛構故事並非倚靠「窺秘」好奇，而是倚靠「共享」的概念。也就是「獨樂樂不如眾樂樂」，所以不會像真實故事，容易聚集在「同溫層」，反倒更具擴散性。故從品牌認同度來說，優質真實品牌故事較具凝聚力，但從知名度宣傳來看，「趣味」虛構品牌故事則更有分享力。

但務必澄清，「虛構」的品牌故事並不等同「虛假」。前者是指故事是「編」出來的，但一般的消費者，能理解這只是一個劇情的比喻，後者則是，明明是「編」出來的，卻對外宣稱是「真」的。

2014 年，鼎王旗下無老鍋招牌冰淇淋豆腐鍋，宣稱是創辦人陳世明偶然拜訪日本岐阜縣，品嚐到高齡 70 歲「無老婆婆」所做的冰淇淋豆腐，經過三年學習才取得百年豆腐手藝，強調「冰淇淋豆腐鍋是明治時代即將失傳的鍋物」。後來一切被踢爆是作假，也一度讓故事行銷蒙上陰影。雖然事後檢方認定其「目的是在創造話題，並未就食材本身品質、產地有所虛構或偷工減料，亦僅屬廣告不實」而不起訴，但已造成負向口碑效果，衛福部食藥署長因此擴大委託國內大學針對全台大型或是連鎖餐廳食材進行全面調查。

這場「黑者恆黑」的網路社會運動，究竟真的是出於自我的社會良知，還是一群酸民的跟風，則不得而知，也不是本文想要探討的重點。但可以確定的是，「虛假」品牌故事有機會轉向成負向口碑，不得不慎。

真實與虛構的第三條路

如果你缺乏真實的「傳奇」故事，又不是真的很適合虛構故事的品牌，那該怎麼辦？

有一種操作，其實正好解決了這個難題，它讓真實故事能有戲劇性，又能更讓人感動與信服，這就是「真實故事改編」。

所謂「真實故事改編」必須要符合基本條件，就是故事主軸線必須是真的，但在細節上可以略作鋪陳與調整。

2013 年全球記憶體大廠金士頓，就製作了這樣的經典作品。故事發生在倫敦，有一婦人每天前往地鐵站呆坐著，只為聽到亡夫生前錄製的「Mind the gap」。直到有一天，聲音被替換掉⋯⋯

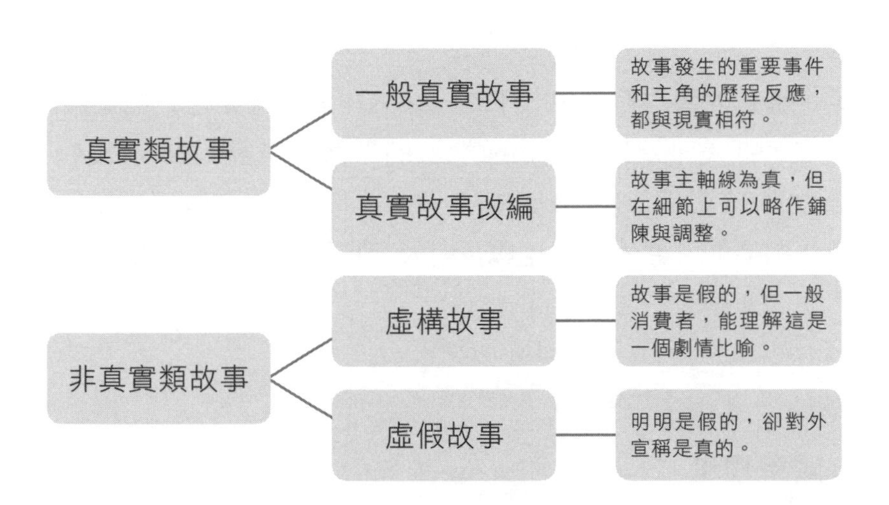

▲ 真假故事一覽圖

資料來源：薄懷武設計製作

這個故事的原型是真實的，「Mind the gap」的原始音檔，是 Margaret McCollum 的亡夫 Oswald Laurence 在 1950 年代錄製，2007 年 Oswald 因心血管疾病過世，Margaret 只要想念他，就會到地鐵聽他的聲音。之後，地鐵換裝新的 PA 數位系統後，Oswald 的聲音一度消失，但當倫敦交通局知道這則故事後相當感動，便決定在堤岸站換回 Oswald 版本的「Mind the gap」。

兩則故事看起來挺像，究竟改編了什麼？我想，除了重新編輯了兩人的愛情故事、省略了官方的角色，應該就是金士頓在現實中，沒有扮演什麼角色吧？但在改編故事中，婦人拿到了金士頓置放音檔的隨身碟，並且滿意的繼續旅程，以托出品牌 Slogan「記憶，永遠都在」。

既然是「真實故事改編」，本質上就具備真實故事的「窺秘」和虛構故事的「共享」。但問題到底是「共享」什麼？筆者認為，

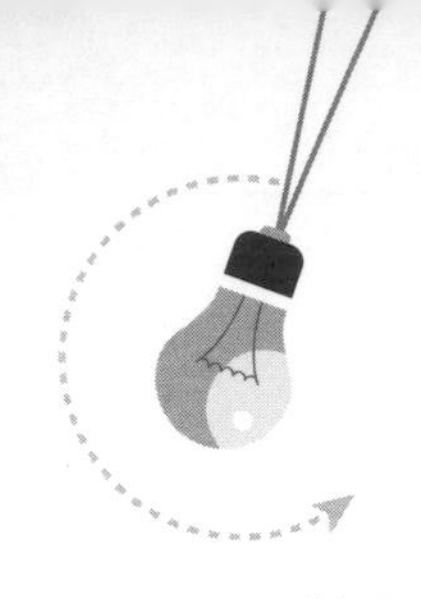

就是「真實故事改編」中，不為人知的內幕。像是上述的周邊故事是一種，或是，這部狀似倫敦地鐵的場景，其實是使用 104 公升油漆、9190 磁磚、2000 支木條、84 小時、52 名專業師父，在林口製作拍攝的。當大家發現與預期大不相同時，就會開始瘋傳，因為實在太新鮮有「趣味」了！

關鍵思考

讓我們來思考一下，數位環境使用者到底期待什麼樣的故事？當大家閒來沒事，要不是 Google，要不是滑社群，這樣無所事事的生活方式，其實只是要能挖到寶。所謂的「挖寶」，就是找到含金量高的內容，也就是「稀有性」的內容，不論是傳奇、趣味、情感都有可能，但絕對不可以平庸。如果妳想藉此操作故事，務必符合品牌價值，以及你的消費者認同。

小結：越來越能懂故事

真實品牌故事藉由「窺秘」、「演算法」等特性，朝「同溫層」推動品牌認同；虛構品牌故事則適合以「趣味」、「情感」擴散到非特定人士。故從品牌認同度來說，優質真實品牌故事較具凝聚力，但從知名度宣傳來看，「趣味」虛構品牌故事則更有分享力。

但是，之所以無法使用真實品牌故事，除了本質上更適合虛構外，主要就是缺乏故事傳奇性和故事技術性。為此，「真實故事改編」就成了新選擇，足以強化不夠「傳奇」的故事內容，並兼具真、假品牌故事雙重特質，且可以藉由內幕、不為人知的周邊故事，創造更多新奇感。

下一節，我們要談的是，訴求不同、故事結構不同的「訴求向度」；一部完整的品牌故事所需要的「基本步驟」，以及最常看到的「故事模型」，三種不為人知的專業技術，需要最細緻的品讀，絕對越來越能懂故事。

3.6

品牌故事 3：訴求向度、設計要件和故事模型

在本章的第四節，梳理出品牌故事在當今社會的必然性；第五節則探討品牌故事的真實與虛構，對於社群行銷產生的影響。如今，我們要進入本章最深奧的一節，以協助大家在品牌故事的創作上，足以更有效地傳達品牌價值。

故此，本節將提到三種專業術語——影響故事重心的訴求向度、品牌故事設計的基本步驟和故事模型。訴求向度是針對不同品牌故事所強調的不同價值，會在編寫故事上，產生不同的著力點。

品牌故事設計的基本步驟則是在落實故事寫作，需要包含與思考的細項說明。

故事模型則是根據中西名著，所歸納出的故事架構樣貌，並說明在品牌故事上應用的機會與可能。

故事訴求向度影響故事設計

大家要知道，品牌故事雖名為「故事」，但其根本是為了「置入」品牌價值，「故事」只是一種形式載體，並非主角。筆者多年浸潤於劇場和行銷領域的交疊中，發現不同行銷訴求，在故事設計的著力點不大相同，也會影響到整個故事的設計方向與方法。

然而，故事必有情節，那是故事發展與趣味的根本。套用亞里斯多德在著作《詩學》中所提，情節必包括開始、中間和結束三個階段。而從筆者的角度，開始足以對應到主角的「動機」，因為初始「動機」不同，會影響之後的行為反應。中間則對應到「衝突」，通常這裡都是逆境、對抗等橋段的重要位置。而結束就是「結局」，是最終的獲得。

如此，動機、衝突、結局，就變成三種不同且值得重視的環節，

讓筆者來告訴大家，一個品牌想強調什麼，就該挑選、設計出什麼樣的訴求向度才容易產生效果。

訴求向度 1：**動機。**動機是戲劇故事中的重要元素，並隱含了角色的個性，不同的角色個性，面對同樣的事件，會產生不同的動機。動機意味著「為何這麼做？」放在品牌故事中，正好呈現創業動機。我們渴望看到有獨特、大視野的原因，並且避開賺錢——除非，努力賺錢背後有一個不為人知、值得歌頌的故事，如為了久病的母親之類的。

但是，人類是習慣的動物，不會平白出現「動機」，所以需要一個「促發」點。比如說，一直無所事事的人，被喜歡的人恥笑，於是產生了創業的念頭。「被喜歡的人恥笑」是「促發」，造成他創業的「動機」。

故事案例：伊蕾特。孩子不吃飯、日漸消瘦，「促發」老爸做出了布丁，最後藉此創業成功。

訴求向度 2：**衝突。**故事缺乏衝突，就不好看了。衝突不是吵架、打架，可以思考為「不順」。由於前提不順，得到的結果必然珍貴。在品牌故事的設計上，可以強調創業的艱辛、商品的研發的耗時、耗資有多大，以展現其珍貴感，例如海洋拉娜強調「歷經 12 年、6 千多次」研發。

另一種手法則是，利用「一而再、再而三」的三步驟對抗困境橋段，來表現困難度，只要找到三個不斷造成失敗的絆腳石，並且再一一解決、征服，最後達到成功即可。

還有一種則為 V 型反轉策略，可參照下方故事案例。有時此方案可以和「一而再、再而三」的策略合併使用。

故事案例：《一堂一億六千萬的課》是藝人曹啟泰於 2002 年出版的著作，正如書名所述，30 歲因投資失利，造成一億存款泡湯，再背六千萬的債。書中曾提過一句名言，他敬佩「絕對值大的人」，也就是跌深卻能反彈的人。35 歲前，他沒有一天休息，然後還清所有的債。這個故事讓他不再只是脱口秀、搞笑藝人，更多了睿智、堅毅的精神。

訴求向度 3：**結局**。結局訴求是強調參與、使用、消費之後，能夠得到什麼樣的「好處」。

進階版則是在得到「好處」之前，必須經歷過「不好」，以產生「前後對照」的效果。比方説，一位其貌不揚的女孩，平常都不受大家注意，但在經過細心化妝打扮之後，突然變得美若天仙。

故事案例：台灣高鐵。中國時報記者曾懿晴曾有一則報導，故事描繪一位男子帶著父親遺照搭高鐵。當男子對高鐵服務員點了杯咖啡後，卻繼續對著照片叨唸，引起這位服務員的關心。在主動了解之後，發現男子正在滿足父親沒有搭過高鐵的遺憾。於是，服務員給了男子兩杯咖啡，一杯是給男子父親的。在這個故事中，傳達

因為搭乘了高鐵，得到了超乎預期的「好處」，也就是台灣高鐵的「主動關心」。

故事訴求向度整合表

訴求向度	關鍵重點	創作技術	行銷偏向
動機	為何要這麼做？	重要促發點→動機產生	為何創立？
衝突	不順的歷程→象徵「珍貴」	1. 利用耗時、耗資以展現珍貴感 2.「一而再、再而三」的三步驟對抗困境 3. 可使用 V 型反轉策略	有多困難？
結局	使用後變得美好	1. 使用後得到滿足 2. 使用前不好→使用後變好	多少好處？

資料來源：薄懷武設計製作

設計品牌故事的基本步驟

上一小節談及的訴求向度——動機、衝突、結局，可以更淺顯的歸納為「為何創立」、「有多困難」、「多少好處」三種方向，就看各品牌想要強調的重點為何而定。

如今，不管要寫出什麼方向的品牌故事，都必須面對設計品牌故事的基本步驟。筆者將其分成兩大階段，第一階段是品牌策略部分，包括品牌價值、客群期待和媒體形式、主角設定四個步驟。品牌策略階段的主要目的，是確定未來品牌故事的設計方向，以能準確展現品牌價值，而非亂槍打鳥的故事感染。

步驟 1：設定品牌價值。你的品牌故事，必須傳達出你的觀點。如果你想傳達的是「對美的堅持」，按照三種訴求向度，你可以初步思考是要講述「為何那麼愛美？」（動機），或是「堅持美遇到的困難」（衝突），也可以是「堅持美之後的好處」（結局）。

步驟 2：確認客群期待。內容傳達價值觀、形式界定目標族群。你所假定的品牌故事，該用何種主題或形式呈現？搞笑、情感、專業……哪些主題不適合你的目標族群？比方對粉領族講軍中故事，可能就不恰當。品牌價值要和消費者期待磨合，才能達到最理想的宣傳效果。

步驟 3：主要媒體形式。媒體是指乘載故事內容的載體，例如報章雜誌、看板、E-mail、Facebook 或官網等等。這牽涉到故事會以短文、圖文、漫畫、動畫、影片等不同媒材呈現。若確認有數種媒體需要操作，則須設計媒體間品牌故事的關係，如同一品牌故事的字數差異，或是不同品牌故事在不同媒體的交互影響設計。

步驟 4：主角人物設定。品牌故事的主角，有三種最常出現的設定，第一種是創始者、經營者或代表員工，第二種是消費者，第三種是模擬 TA 的角色人物。有時還會找尋具有反差特質的人物當主角，例如陳樹菊就是一個小人物大作為的反

差、林育羣是長相與聲音的反差。主角的設定，第一重點是為了讓客群信任接受（消費者認同），第二重點則是能順利傳達品牌價值。

第二階段則著重於故事創作的過程，即故事設計與撰稿領域，分別是貫穿全劇的主軸事件、符號象徵的情境映襯和情感定錨的一句話。詳見如下：

步驟 5：主軸事件為何。人物必須發生事件，才能變成劇情、情節。若你設計一個月光小資的角色，故事主軸可能是「百貨公司購物刷卡到爆，回家吃泡麵過一週」，也可能是「月光小資在月底缺糧，向閨蜜借錢得到一頓飽餐，和改變一生的觀念」。主軸事件會影響表達的價值訊息，前者可能傳達著儲蓄的必要，後者可能是發憤向上的轉機。

步驟 6：建構映襯情境。在構思品牌故事時，可以借用一些具備符號意義的場景，來幫助故事的氣氛發展。如為了增加懸疑，你可能要強調停電與手電筒；為了增加憐惜，你可以突顯背影；如果想要表達默默付出，就必須要在晚上或角落等。情境的映襯可以幫助建構合理性或反差感，以強化訊息投射。

步驟 7：令人遐想的一句話。在文字呈現的故事裡，第一句話顯得十分重要。「我沒有女兒，但我有很多女兒」、「這輩子，我有兩盞燈籠」，故事定調、製造懸念、吸引閱讀就靠第一句。《文案訓練手冊》作者喬瑟夫．休格曼（Joseph Sugarman），曾說過文案的目的，是為了讓消費者閱讀

第一句話，然後繼續看下去。但是這種具備哲裡的經典句，也可以放在最後一句，以幫助故事意涵的縈繞。

關鍵思考

不要被上述專業分析、分段給嚇壞了，其實只有幾個簡單的問題：要傳達何種品牌價值（設定品牌價值）、需藉由何種故事表達（訴求向度）、故事形式是否能被目標族群接受（確認客群期待）、放在哪些媒體最有效（主要媒體形式）、主角和主軸事件該是什麼（主角人物設定、主軸事件為何）、如何讓故事敘述得更有說服力（建構映襯情境）、以及如何讓目標族群願意看下去或記憶（令人遐想的一句話）。這七個問題環環相扣，就是一個品牌故事總是在考慮的。

八大故事提煉出的五種故事模型

在這一小節，筆者有兩個企圖，一方面是回測訴求向度，以重新審視理論基礎；一方面則是想要找到更普遍化的故事模型，提供給品牌故事操作者參考。為了找尋最具代表性的故事模型，筆者將從經典故事著手，並兼顧東西方文化。故此，最後選擇西方代表為莎翁的四大悲劇與中國四大名著，總共八部來進行分析，最後歸納

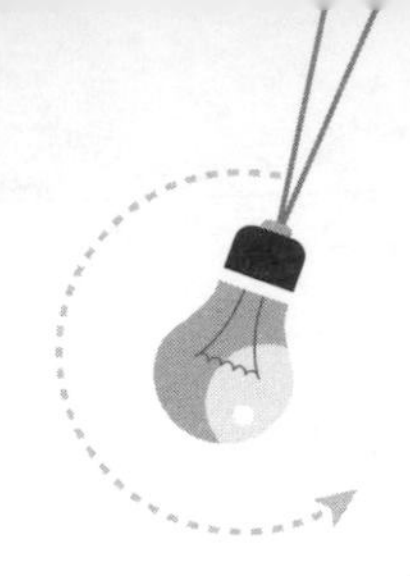

出五種故事模型。

但須特別注意的是，由於莎翁的取樣為悲劇，屬於負面結局，與行銷期待有所落差——比方說，訴求向度為結局的故事，按理論應屬得到「好處」之前，必須經歷過「不好」。但《馬克白》為悲劇，則結果不可能有什麼「好處」，所以被列為「反向訴求向度」。儘管如此，也不影響我們從中探索常見故事模型的本意。

故事模型參照比較表

故事類型	經典故事	訴求向度	故事模型
莎翁四大悲劇	馬克白	結局（反向）	醜小鴨
	哈姆雷特	結局（反向）	魯賓遜
	奧賽羅	動機（反向）	金斧頭
	李爾王	結局（反向）	魯賓遜
中國四大名著	西遊記	衝突	孫悟空
	水滸傳	衝突	孫悟空
	三國演義	衝突	孫悟空
	紅樓夢	衝突	羅密歐

資料來源：薄懷武設計製作

經過分析發現，可能中國四大名著屬於小說形式，劇情比莎翁的劇本複雜，所以都列屬衝突，並且也多半是「一而再、再而三」抵抗困境，所以除了《紅樓夢》之外，都被列屬為孫悟空模型。至於模型命名常與代表性故事有所差異，主要考量為一般人的熟悉度，希望能給予大家較鮮明的概念。以下為五種故事模型分述：

醜小鴨模型成員：《馬克白》（Macbeth）
關　鍵　密　碼：變（意即足以改變是品牌的重要訊息）
說　明　分　析：《馬克白》講述蘇格蘭將軍馬克白從三女巫得到預言，稱他將會成為蘇格蘭國王。出於野心和妻子的慫恿，馬克白暗殺了國王鄧肯，自立為王。唯獨故事終局仍因自作孽而毀滅。
筆者看來，這個故事的架構，就是從「不好」變成「好」的歷程，像是醜小鴨變天鵝一樣。類似的故事還有妓女晉身名流的《麻雀變鳳凰》。
在品牌行銷的應用上，適合使用型商品，在使用後改變了人生，以達完美境界。

魯賓遜模型成員：《哈姆雷特》（Hamlet）、《李爾王》（King Lear）
關　鍵　密　碼：孤（製造沒人懂，或沒人愛的孤獨感，是本模型的重點表現）
說　明　分　析：《哈姆雷特》是丹麥王子哈姆雷特，在其父丹麥國王打敗挪威軍隊後前往維滕貝格大學，卻突然得知父親猝死的消息，並獲知叔父克勞迪迎娶了他的母親，最後讓他回國進行復仇。《李爾王》則是年事已高的李爾王，打算將自己的國土分給三位女兒來統治，大女兒、二女兒紛紛獻媚，唯

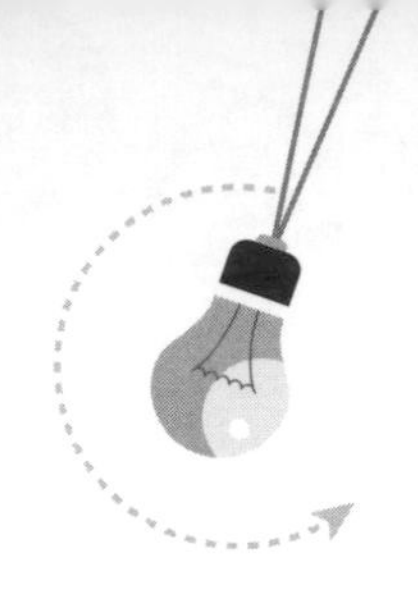

有三女兒寇蒂莉亞不願阿諛奉承，致使李爾王震怒，取消了寇蒂莉亞的繼承權。最後李爾王和兩位女兒鬧翻，最後流連失所的故事。乍看兩部故事沒什麼關聯性，但筆者卻發現，哈姆雷特在得知所愛的人，不是死亡就是改嫁，本來屬於自己的國家也與己無關，突然變得孤獨無依，和李爾王的漂泊心境其實頗為相似，與《魯賓遜漂流記》相仿，故歸為一類。在品牌行銷上，擅於勾動憐憫之心，故適用貧民創業、立志翻身、公益團體等方向。

金斧頭模型成員：《奧賽羅》（Othello）

關　鍵　密　碼：奇（發生要夠戲劇化與奇特，就很能抓住年輕人的目光）

說　明　分　析：《奧賽羅》講述土耳其進攻賽普勒斯，公爵下令奧賽羅指揮威尼斯部隊對抗入侵，並允許他的妻子陪同。心有怨念的部將伊阿古，將奧賽羅送給妻子苔絲狄蒙娜的手帕，給了另一名部將，製造兩人有染的想像，致使奧賽羅親手殺死了妻子。這個故事最具張力的部分，就是因為一個普通的手帕，卻造成不可預期的後果。這就像是《金斧頭與銀斧頭》的故事一樣，沒料到說謊會被懲罰，說了真話可以得到非預期的獲利。在品牌行銷上，很適合新奇、文創，甚至命理、儀式性品牌，不一定需要太在乎邏輯性，只要製造有了

A，就可以達到不可預期的 B 即可。

孫悟空模型成員：《西遊記》、《水滸傳》、《三國演義》

關　鍵　密　碼：破（不斷的打破、突破，就是故事最核心的運作模式）

說　明　分　析：《西遊記》是以唐三藏西天取經，經過九九八十一難的故事，重點都在孫悟空打怪；《水滸傳》則是描述一百零八將，從他們一個個被逼上梁山、逐漸壯大、起義造反，到最後接受招安的完整過程；《三國演義》整個故事，描繪著三國時期各國算計征戰，最後由司馬氏兼併的故事。這三部故事雖然題材各異，但其實都靠不斷「征服」來完成，因此我將其歸類為孫悟空模型。在品牌行銷上，這非常適合創業者、研發者等破除萬難、千辛萬苦後得到成果的故事模型。

羅密歐模型成員：《紅樓夢》

關　鍵　密　碼：遇（兩人到數人的因故相遇，達到不可抹滅的情感激盪）

說　明　分　析：《紅樓夢》的故事相當複雜，但可以簡化為賈寶玉和林黛玉的愛情，以及與薛寶釵之間的關係。但重點是，所有人都是在大觀園相遇，這樣的故事形式，和《羅密歐與茱麗葉》有異曲同工之妙，故歸屬為一類。在品牌行銷上，特別適合兩人因某些原因，在某地相遇，最後建立起特殊的

情誼——不論是愛情、友情或親情都可。觀光景點、旅遊、餐廳、咖啡廳等，都可以利用這樣的形式，前篇提到的《小時光麵館》即是。

小結：感性的故事背後盡是精算

本節根據亞里斯多德的情節認定，必包括開始、中間和結束三個階段，而筆者則從中找到切入點，認為開始足以對應到主角的「動機」，因為初始「動機」不同，會影響之後的行為反應。中間則對應到「衝突」，通常這裡都是逆境、對抗等橋段的重要位置。而結束就是「結局」，是最終的獲得。品牌故事可以根據主要想要表達的訴求，來設定故事橋段的重點。

而在故事的設計上，可依照自身屬性與需求，參考醜小鴨、魯賓遜、金斧頭、孫悟空和羅密歐五種故事模型。最後，則以設定品牌價值、確認客群期待、主要媒體形式、主角人物設定、主軸事件為何、建構映襯情境、令人遐想的一句話七個步驟，最後完成一篇完整的品牌故事。

感性的品牌故事背後，其實是無數的精密加工業。

下一節即將收尾，筆者將根據我國四種常見的品牌問題，提出不同的品牌故事診斷與建議。但我們不能大意，雖然社群和品牌故事相當磨合，但卻與商城所代表的另一股數位化環境對立。到底該怎麼做才對呢？

3.7 結語：品牌數位化的趨勢與隱憂

當我們在第一節歸納出品牌人格化必須藉由品牌價值做為核心，並於第二節提出品牌價值將跟隨社會變遷進行適度的微調與改變，而不斷接近一致性為目標。第三節則提出發送者「編碼」、「轉譯」訊息，透過情境管道，讓接收者「解碼」。在當下的主流社會運作下，主要的情境管道為社群網站——在第四節曾提出，社群網站建構在人與人的互動下，品牌故事會更容易擁有「接受陌生」、「強化記憶」、「發展認同」和「改變認知」四種效果。

第五節中，筆者提出真實與虛構的故事，會產生不同的效果。前者更容易產生同溫層式的品牌認同、後者則可強化擴散性。而「真實故事改編」可以解決缺乏故事傳奇性和故事技術性等問題，不但強化原故事「傳奇」性不足，又可以藉由內幕、不為人知的周邊故事，創造更多新奇感。最後則以訴求向度、品牌故事設計的基本步驟和故事模型，做為故事創作的參照依據。

但是，上述都是通論，真的能完全適用於我國的品牌問題上嗎？

不同品牌的千百難關

根據筆者的觀察與分析，我國企業品牌問題，可以分三種向度來探討。第一個是經營時間的長短。老品牌因為社會的變化，而需要品牌再造，新品牌則更關心市場切入度與接受度。第二個是經營規模的大小。大品牌的資源較多，只是容易遇到品牌包袱，小企業靈活度高，但卻困於競爭過多。第三個是經營模式的差異——代工與品牌。致力於代工的企業，如何能夠建立品牌意識呢？

於上歸納，老品牌的品牌轉型、小品牌的大量競爭、新品牌的市場切入、無品牌的升級動力，都是目前我國最重要的品牌問題來源。筆者根據背景狀態，做一些爬梳整理，並提出關鍵問題的品牌建議。

品牌問題 1：老品牌的新魅力

背景說明：

我國從 1960 年起，輕工業發展快速，政府並設置了加工出口區，以強化外匯收入。直至後來的十大建設搭配，深化石化、煉鋼業、造船業等大型重工業，同時期成立台積電、聯華電子等電子代工產業。1980 年代則是首座科學園區——新竹科學工業園區的成立，正式進入電子業蓬勃時期。在動輒 50 ～ 60 年的老企業、老品牌的經營過程，勢必遇到的第一個問題，就是「老品牌如何與時俱進」。

品牌建議：

1. 消費性老品牌的問題，即企業、品牌進入衰退期，需重塑新一代消費者認同，前文提過的全聯、統一麵，都算是成功地轉換老資產為新文青風格，提供消費者認同機會。故提供新故事、文創化，絕對是可以思考的一條路。

   由於新消費者的歷史感薄弱，故真實故事並非首選，虛構故事再加上體驗效果可能也不錯。另外，他們對於虛實交夾的真實故事改編也挺感興趣，原因是幫助史實的娛樂感。像數十年不敗的各式三國電玩遊戲、竄紅的《返校》都屬同一類型。
2. 非消費性老牌即為 B2B，關鍵問題在於宣傳技術的升級感、科技感，故可以先從重定位開始思考，進而在 Logo、色系、Slogan 等品牌形象與精神上，重新找到與時俱進、又讓人信任的焦點。

在品牌故事上，由於 B2B 為主多為專業人士，故實際的案例比虛構的好。例如華碩原本的標語「華碩品質、堅若磐石」背後有個故事，當時華碩參加德國 CeBIT 電腦展，偶然聽到兩個前來看展消費者在討論華碩主機板的定位時，其中一位認為華碩主機板應該可用於德國賓士或 BMW。在追問理由後，這名外國人突然蹦出這一句「你們的品質堅硬得有如岩石一般」（Your quality solid as a rock）（http://www.epochtimes.com/b5/6/1/22/n1198665.htm）。筆者認為，這個內幕故事比標語更有宣傳力。

品牌問題 2：小品牌的區隔力

背景說明：

第二個品牌問題，與上述企業、品牌正好相反。眾所皆知，我國以中小企業立國，故其實絕大多數的品牌，應集中在中小企業為主。從經濟部所公布「2019 年中小企業白皮書」中顯示，我國 2018 年中小企業家數為 146 萬 6209 家，占總體企業 97.64%，實在不容小覷。小品牌碰到的最大問題，應為同產業競爭者激烈，故足夠的識別、差異變得重要，即「小品牌如何爭取差異」。

品牌建議：

1. 小品牌的辨識性。例如 2005 年創立的阿原肥皂，和老製皂品牌的艋舺肥皂，都屬大地色系，對非品牌敏銳者、忠誠者而言，將很難辨識；或是 1994 年成立的怡客咖啡、1993 年成立的丹堤咖啡，初期因為店內布置、擁有英文命名、價位相仿、供餐相近等，也常造成大家的混淆。由於同性質小品牌林立，建議最好能先完成市場分析功課，找到不一樣的品牌切點，趁著轉型過程扭轉劣勢。

這裡的品牌故事設計無關乎真假，重點在於必須與競品切入點相異。

2. 小品牌的感染性。呈上，小品牌由於粥多（廠商）僧少（消費者），容易淪為削價競爭，故提供有感染力的故事、經歷、活動，都有助於讓小品牌遠離紅海。如果是 B2B，則可著力在成功案例、獨特服務上，以提高品牌認同。

品牌問題 3：新品牌的蠱惑力

背景說明：

自我國 2000 年前的電腦、網路化，以及降低資本額限制，到 2002 年奠定的「發展文化創意產業計畫」，與日後各級政府新創基地的林立，降低了資訊成本、獲得補助與營運空間等，在在都鼓勵了微型創業。當然，新創企業不一定都小，但都有一個共同問點，就是「如何在沒有背景印象的前提下獲得認同」。

品牌建議：

1. 新品牌必須有亮點。新品牌多以數位網路介入，面對比從前更多的品牌資訊量、更容易被隱沒、遺忘。建議的方法，必須開放性思考非網路宣傳可能，並找尋吸睛 4P——亮點商品、亮點通路、亮點價位、亮點促銷，納入品牌位階思考。總之，沒有亮點、沒有品牌。如網路起家的本土成衣 lativ，初創時標榜台灣版型、台灣製造；電商瘋狂賣客，也是以每天只賣一樣起家；2016 年成立的青鳥書店，借用了青鳥所代表「幸福就近在咫呎」做為價值，推出「時效 180 天就會消失的奇幻書店」，漂亮的將通路變商品（時效 180 天就會消失的奇幻書店），販售餐飲與空間體驗。由於時效性和設計美感，推動了自拍打卡、慕名閒坐和話題，使其力抗眾書店脫穎而出。

2. 品牌故事的建議，真假不是重點，新奇、吸睛、感動等，如何創新及打動人心才是重點。此外，由於屬於新品牌，重新考慮品牌故事發想新媒體載體或表現方式，將更有話題性。例如日本樂透 7 的微電影製作，一反單元故事、一次性故事，而是連續劇式呈現，會更能讓消費者基於新鮮感而提高注意力。

品牌問題 4：無品牌的格局力

背 景 說 明：

我國不但是中小企業立國，也可以說是代工立國。從 1966 年成立的高雄加工出口區、1972 年，臺灣省主席謝東閔倡導的「客廳即工廠」等，甚至我們熟知的權王台積電，本身也是代工業。唯多數代工業，並不像台積電具備高端技術，成為世界各國足以辨別、爭取的合作夥伴，許多只能競爭微薄毛利。

品 牌 建 議：

1. 必須有轉型的突破力。早期創業目的以餬口為主，缺乏傳奇的創業動機。在如今代工微利的前提下，應審慎思考品牌問題。如果是技術性代工，則利用技術優勢轉型到 ODM，由「技師」成為「設計師」，可為一思考面向。大家熟知的社頭襪子，早已利用技術優勢升級製作機能襪，單價不可同日而語；同樣設廠社頭現蒂絲工業，聯合衛星工廠快速設計打樣，已成為全球最主要的情趣內衣供應品牌。要從無品牌變成有品牌，重點就是要比從更有產值。

2. 必須串聯坐大的雄獅心。如果沒有升級的可能，就要有聯合坐大的打算。1990 年前，國道經營路權歸屬台汽（現為國光企業繼承業務），其他則為非法載客的「野雞車」業者。但政府為解決輸運問題，決定開放合法客運業者整合違規業者，共組公司經營，名為「統聯」（https://www.storm.mg/lifestyle/1775488）若能聯合做大，對外更加備受注目、對內則對品牌會更加珍惜與渴望。

上述兩種的品牌故事的設計，皆可採取真實的傳奇故事最佳，能夠展現少康中興、創造奇蹟的氛圍，最能掌握鋒頭。此外，必須評估報章媒體報導，讓陌生眾人好奇、感興趣，會更有利品牌宣傳。

四種品牌類型建議表

品牌類型	轉型依據	背景說明	品牌故事建議
老品牌	嶄新	1960 年起輕工業、十大建設的重工業、1980 年代科學園區設立	消費性商品建議：文創化 品牌故事建議：虛構＋體驗、真實故事改編
			非消費性商品建議：升級感、科技感 品牌故事建議：真實案例

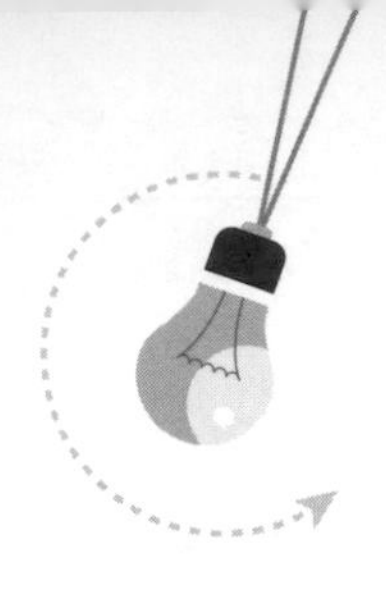

<table>
<tr><td rowspan="2">小品牌</td><td rowspan="2">差異</td><td rowspan="2">我國以中小企業立國，2018年中小企業家數占總體企業97.64%。</td><td>辨識性建議：強化市場分析、進行高度差異化
品牌故事建議：搭配上述進行競品故事差異化</td></tr>
<tr><td>感染性建議：避開紅海削價競爭、獨特服務
品牌故事建議：具感染性的虛構故事、或 B2B 的獨特案例</td></tr>
<tr><td rowspan="2">新品牌</td><td rowspan="2">認同</td><td rowspan="2">2000 年起電腦、網路化、降低資本額限制、新創基地林立，降低了各種成本與介入門檻。</td><td>亮點建議：4P 亮點思考</td></tr>
<tr><td>品牌故事建議：創新、感動的故事模式，以及特別的品牌故事表現方式</td></tr>
<tr><td rowspan="3">無品牌</td><td rowspan="3">格局</td><td rowspan="3">1966 年高雄加工出口區、1972 年「客廳即工廠」等，促發代工業蓬勃發展。</td><td>轉型突破力建議：產品升級、技術轉設計</td></tr>
<tr><td>串聯坐大的建議：提升關注、增加品牌渴望</td></tr>
<tr><td>品牌故事建議：真實傳奇、媒體報導</td></tr>
</table>

資料來源：薄懷武設計製作

數位環境的品牌隱憂

即使完成了上述的品牌建議，仍須將品牌加入數位環境的思考。從上述四種品牌類型來看，新品牌最有機會列屬「數位原生」，與數位環境沒有違和感，其他就很難說了。

雖然筆者一直強調，社群網站是利用品牌故事宣傳品牌的絕佳工具，卻不代表每種產業都適用。比方說，以 B2B 為經營模式的企業，其溝通對象多為相關領域上下游，皆屬同行專業人士，並無須不斷更新的社群，而是需要能製造品牌信任度的官網。

然而，B2C 也無法置身事外，但源頭不是品牌問題。B2C 進入數位環境，主要有兩種：第一，實體企業進入虛擬，利用數位商城增加營收。第二，數位原生，初創便以減少實體成本為念。筆者認為，越欠缺統一性的操作，越容易帶來品牌不一致的隱憂，故前者隱憂比後者高出許多，以下共分四點解析。

隱憂 1：品牌整合問題。當我們為了擴張業績而進入數位化，有可能反而裂解了同一品牌。2014 年起，屈臣氏主打的標語為「每個人都該有兩個屈臣氏」，重點就是為了解決實體和虛擬屈臣氏之爭。其隱憂是，如果我們有了 24 小時的虛擬屈臣氏，何需實體屈臣氏？

隱憂 2：品牌體驗匱乏。延伸上述，屈臣氏的算是幸運的，虛實之間品牌價值差異不大，但當你點進誠品網路書店，你真的覺得進入了實體誠品書店的高雅氛圍嗎？體驗和過度資訊常成反比：在從前，我們是走到懸崖（體驗），才知道

前面沒路；但在資訊爆炸的現在，你不用過去，就能知道哪裡是懸崖（資訊）。當然，我們也可以在虛擬環境製造品牌體驗，例如 Google 常在特別的日子，玩弄了自家的 Banner，點擊可看到設計過的動畫、電玩等創意表現，但這些都需要花費心思與成本。

除了社群網站具有人際互動的特性外，其他網際網路多具有「資訊透明化」的特性。臺北市長長柯文哲在 2014 年當選後，為了表現市政透明，便發動「i-voting」，即可證明網路具備此性質。而在商業上的應用，則產生下面兩種隱憂。

隱憂 3：比價競爭。商業的資訊透明化，最明顯的部分將呈現在價格上。任何種類的商城網站，其主要功能就是「價格排序」。也有蒐集各種商城同一商品的價格資訊，以進行「比價」的專屬網站。更別說還有團購、競標，或是如 ShopBack 這樣的現金回饋網站，都不斷在壓低售價。對於網路消費者而言，網路常常就等於便宜。為了讓品牌商品足以被搜尋，則被迫操作低價銷售，而違背了品牌價值。

隱憂 4：績效掠奪。承繼上一個隱憂，把重點拉回到經營者本身，當銷售績效才是商城王道時，則形同放棄品牌的價值操作。長期的品牌價值或形象，和短期的收入違背時該如何取捨呢？再往下深掘，在網際網路上搶奪的最高績效，不就是壓抑必要開銷、盡可能 0 成本嗎？

總結：虛實統一下的感性翻玩

還記得筆者在第三節談過全國電子的案例嗎？店頭傳達「12期零利率」的資訊（理性），比不上品牌故事（感性）來的有效。這個案例提供我們如何面對上述的品牌整合、品牌體驗匱乏、比價競爭和績效掠奪等隱憂。

方　案 1：品牌策略必須同時思考虛實。

解決隱憂：品牌整合問題。

任何品牌在策略上，都必須同時思考實體與虛擬的品牌一致性。即使在網路銷售，也必須找尋符合品牌個性的通路，例如有・設計 uDesign 具備設計感的價值、Yahoo 購物中心就比較大眾化，藉由通路彰顯自身品牌。此外，虛擬環境也可以成為高價品牌的教育者，釋出次品牌的中低下商品，限額、限時、限量、限定提供，以培養潛在客群，達到虛實脈絡的一致性。

方　案 2：永不停歇的故事製造體驗。

解決隱憂：品牌體驗匱乏。

正如全國電子的案例，資訊是理解的、體驗是親身的，而故事就是以最安全的方法「體驗」他人的生活。在不斷聆聽各種品牌故事的過程，會逐漸凝聚出具體的品牌認知。腦神經科學研究發現大腦內的鏡像神經元，負責感同身受的同理心，當我們看到他人正在吃著自己喜歡的食物，自己也會流著口水，這就是「望梅止渴」的概念。所以，故事啟動了我們真實的「體驗」，正好可以解決數位化體驗不足的缺憾。

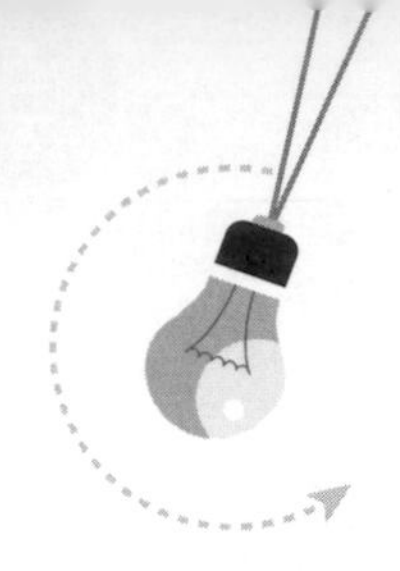

方　案　3：利用品牌話題轉化比價。

解決隱憂：比價競爭、績效掠奪。

很明顯地，比價競爭和績效掠奪，其隱憂的根本在於業績導向。但這是品牌與商品的意義，被消費者定義為非必須、可替代，因此，如果非買不可，就會進行比價。好的故事可以製造話題、引發消費，例如故宮精品曾於 2017 年發佈了「發薪前後的泡麵碗」貼文，使用市價 26,500 元的「仿宋蓮花式碗」盛裝泡麵，替商品虛構了生活故事，引發大讚。話題建立成功，搜尋的就不會是價錢，而是關鍵字了。

以上三方案操作得宜，不但能逐步達成虛實的品牌一致性，也能逐漸解決「資訊透明化」的問題。我們藉由各種機會接觸到品牌故事，致使消費者由理性跨越到感性消費。我們不能期待消費者完全不比價，但或許更多時候，消費者是為了實踐價值而買。

按部就班
和
顛覆傳統
4

4.1

記憶拼圖：童年的品牌烙印

日常生活中，食衣住行其實都有品牌的存在，而在每個人心中，一定都有最初的一個品牌形象。在作者所處的年代中，其實已經有相當便利的家電產品，只不過印象最深刻的，還是那台圓圓胖胖又紅通通的大同電鍋，每一次只要看著媽媽將湯鍋從那裏面拿出來，就會覺得相當神奇。

直到現今，多數人一提起大同，多半都還是停留在電鍋這個產品上，對於大同公司所製造推出的電視機或是冰箱、洗衣機等等都沒有什麼印象，也就是説在一開始大同公司的品牌形象就已經很確定是建立在電鍋之上。

值得一提的是，大同電鍋的官方顏色並不是像我們現在所看見的綠與紅，根據台灣工業文化資產網站資料所提，最初於民國四十九年推出的，是日本東芝合作所推出的白色版電鍋，後續為了配合「嫁妝家電」系列，才又推出了第二台的紅色版電鍋，至於第三台的綠色版電鍋，則是為了綠色的大同冰箱才有的顏色。

既然都是配合其他產品策略所推出的電鍋，為什麼名氣跟印象卻會大勝其他家電產品呢？

作者認為，「民以食為天」是一個很必要的抉擇點，電視不看可以關掉（當然在那時期不一定家家都有電視，此為舉例）、東西不吃可以冰冰箱，但是要吃東西就不能不烹飪！要烹飪時除了瓦斯爐以外的選擇，最隨手可得的就是電鍋了！東西放進去，水加進去，鍋蓋蓋起來，再按下按鈕，最後就是等待電鍋按鈕跳起來的那瞬間，美味可口的食物就這麼出爐了。

正因為電鍋在日常生活中是如此便利、多用途，在已屬飽和的電鍋市場，大同電鍋每年仍有著約 40 萬台的銷售量（資料來源：https://ec.ltn.com.tw/article/breakingnews/2098187），可見大

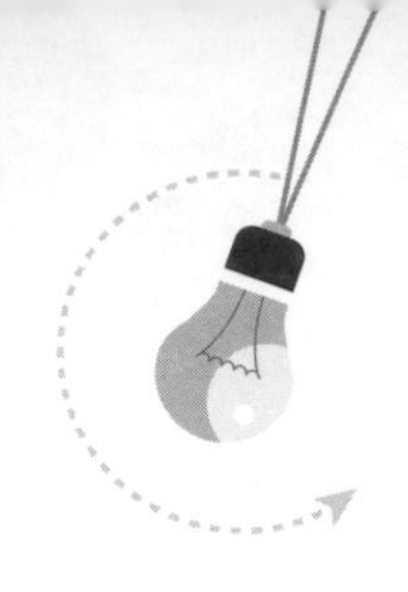

同電鍋的品牌價值早已經深植人心，不管是家庭所需、出嫁女兒的嫁妝、北漂打拼的青年，甚至早早出國留學的學子，都一定要購買一個電鍋帶在身邊。

電鍋與寶寶，一對哥倆好

除了大同電鍋與大同的品牌產生高度連結外，大同寶寶則可說是另一項熟知的品牌識別元素，當時需要購買該公司產品達到一萬元以上才能夠獲得一隻大同寶寶，在物資匱乏的年代如果可以見到一隻大同寶寶坐鎮在家中明顯位置的話，便可見得該家庭的消費能力。

而做為品牌識別元素的大同寶寶，在品牌價值上也有另外一層意義存在：

大同寶寶最初是以創辦人林尚志先生以「正誠勤儉」為元素所設計，整體而言是希望能利用大同寶寶來傳遞品牌理念的重要性，但隨著時代演進，老一輩消費者或許也已經忘記大同寶寶所代表的品牌目的，加上因為數量不多（畢竟當年可是要消費到 1 萬元才有送呢！），漸漸地它的收藏性贏過品牌初衷，如果現在要再問出當年為何要留下大同寶寶，答案應該都會是「因為它數量不多，很值錢！」

如果家中有大同寶寶的話不妨可以看看它胸前的數字，最早出產的閉眼版大同寶寶目前市面上數量極為稀少，就連大同公司之前想要花錢買回去都沒有一個人想要賣回去，可見該產品價值已經超越了品牌價值，也算是另外衍伸出的品牌識別形象。

為了將大同寶寶的品牌形象以及價值更加提昇，大同公司甚至在 100 周年時推出限量典藏版大同寶寶，並透過電商賣場推廣滿千抽獎或是滿五萬直接送的虛實活動。

大同寶寶出產編號	說明
大同寶寶 51	第一批剛設計出來的大同寶寶 51 為閉眼沉思的表情，之後才改為張大眼睛，閉眼大同寶寶 51 在古董收藏市場上已不見蹤跡。

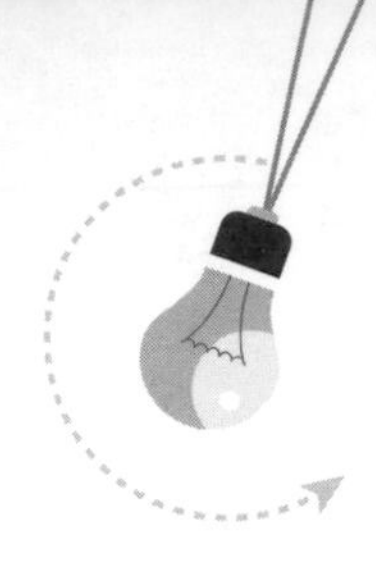

大同寶寶 56、65、66	在古董收藏市場上從未見過，如果有那絕對是仿冒品。
大同寶寶 64、67	在古董收藏市場上行情較高，因數量最稀少，成交行情價大約 25000 ～ 50000 元左右。
大同寶寶 69、70、71	同時生產塑膠和瓷器兩種，一般而言，瓷器的價格較低。
大同寶寶 73	據説號碼印錯了位置，數字在背後，只流出了兩千個，目前古董收藏市場上的行情為 3000 元。
大同寶寶 80	在停產了多年以後，終於從 80 號又開始生產，除了塑膠材質外，也有瓷器的。塑膠類有分英文和數字，而瓷器類有分紅色和綠色。（註：綠色為大同大學和高中的學校系統，且只有畢業生才能獲得。）
大同寶寶 90、99、100（限量黃金版、世紀典藏版）	胸前 90 的大同寶寶在數字上貼有金箔，為「限量黃金版」；99 的大同寶寶則是頭盔上的 LOGO 與胸前數字鑲貼白色水晶。編號 100 的大同寶寶創採用奧地利百年水晶品牌 SWAROVSKI 元素，共 108 顆水晶拼貼而成。

資料來源：阿布拉懷舊收藏館、三立新聞網

從傳統進入數位，大同歌的演進

大同寶寶製造出品牌的稀有性，而與大同寶寶幾乎同一時期出現的那首耳熟能詳的「大同大同國貨好」，則創造了品牌流傳的普遍性。直至目前為止，大同歌一共有三版，分別說明了大同時代的演進：

	第一版	第二版	第三版
歌詞內容	大同大同國貨好，大同電視最可靠，大同冰箱式樣新，電扇電鍋洗衣機，家家歡迎人人愛，品質優秀最老牌，大同大同服務好，大同產品最可靠。	大同大同國貨好，大同產品最可靠，大同電音最好聽，錄放影機最美麗，家家歡喜人人愛，品質優秀最老牌，大同大同服務好，大同產品最可靠。	大同大同國貨好，重電產品真可靠，家電空調式樣新，視聽電腦真先進，資訊通信人人愛，品質優秀最老牌，大同大同服務好，大同產品最可靠。
品牌行銷	著重在當時的傳統家庭生活圈，將重點產品直接點名，並點出國貨好以及可靠等品牌標語，吸引消費者目光並觸發購買慾望，但電視機在早期為高階層家庭較能負擔的範圍，故在當時較為稀少。	推出錄放影機，使人們可以更輕易選擇觀看影像製品，比起早年電視機的稀有以及昂貴，家庭消費已經較能負擔。	由傳統時期躍入數位時代的變化，像是空調、彩色電視機、桌上型電腦等都在這時期推出，家庭消費能力也已都可負擔。

資料來源：陳玥岑整理製作

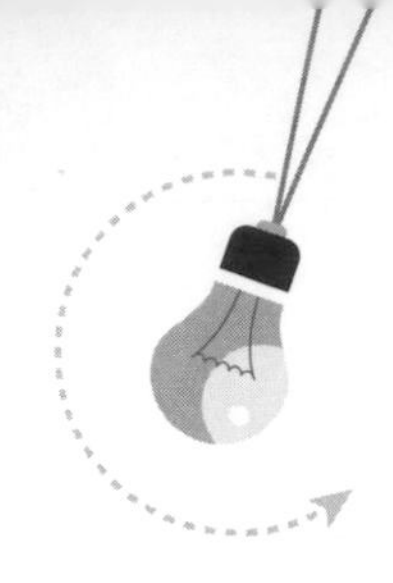

目前在大同公司的自媒體上看到的是屬於最新一版的廣告歌詞，不難看出大同公司一直都想往著數位時代前進，販售通路也由傳統實體門市進化到電商模式，創辦大同 3C 賣場、E 同購等虛擬賣場，更擁有臉書專頁以及官方 LINE 等數位媒體等推廣通路。

以國產品牌來說，大同公司已是人人所知的經典老品牌，在傳統廣告的年代以一首輕鬆又易懂的歌曲席捲了當時的台灣家庭，大同寶寶的問世，更是加深了民眾對於大同公司的品牌印象。

大同的轉型策略，是否已做好準備？

但從上述關於大同寶寶和大同歌，加上一般消費者的記憶分析，大同的品牌面臨兩大嚴重問題：

第一，重大的品牌理念並沒有真實傳達。

第二，大同品牌過度與電鍋連結，導致消費者對於大同商品陌生。尤其是第二點，常誤導作者對於大同的品牌記憶。

所以，當進入如今創新數位的年代，大同可說是內憂外患。一方面，品牌理念的落實性仍然不足、對於特定產品的倚賴性也依舊過高，另一方面，則是順應時代變遷的自我調整。所幸，大同在電鍋的商品設計上，仍下了不少功夫，不但突破了傳統綠，努力嘗試深紫、桃紅、亮金及黑白等時尚配色，也陸續與知名動漫、插畫人物合作，以吸引年輕族群青睞。至於容量方面，也迎合現代單身與小家庭趨勢，一反從前 10 ～ 20 人份的大電鍋，主推 3 ～ 6 人的小電鍋，可以看出企業用心。

但似乎大同僅靠商品的改良來推動品牌年輕化，在數位行銷的搭配上，仍有待商榷。以下，作者分析了大同 3C 賣場（官網）、E 同購（商城）、大同 TATUNG 同樂會（粉絲專頁）、大同電鍋好用 50（粉絲專頁）、映鮮（粉絲專頁）五個數位自媒體，並提出以下四點發現與建議：

1. 大同 3C 賣場的網頁中，與消費者最直接相關，就是優惠型錄，但可惜的是無法直接下單購買；另一項則是門市查詢，但點選後卻直接跳到大同官網中，直接降損大同 3C 賣場的設計意義。
2. 若要購買大同產品，還需要跳選至 E 同購的官方購物網，多此一舉去設計官方購物網就顯得相當不便民，提示性也不夠強大，很可能會讓消費者有所不滿，進而放棄大同轉由其他較為便利的購物通路。
3. 在三個大同所屬的粉絲專頁中，雖然不定期都會有貼文宣傳，但是點開內文後發現，要購買產品居然還需要到實體門市去了解，那創辦兩個購物網站又是什麼原因？如果大同將購物需求

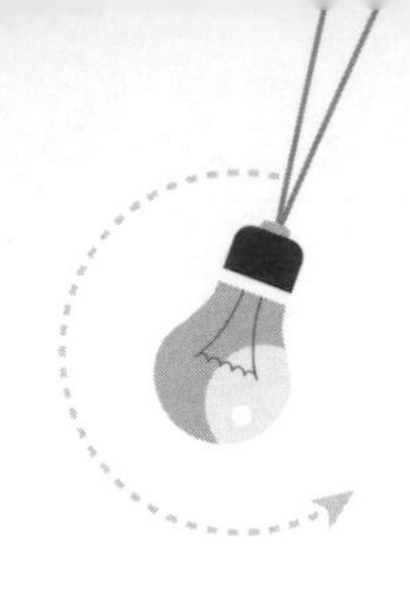

全力專注在官方購物網站而不是一直要求消費者必須要到實體門市，相信會提昇許多消費者的意願。

4. 有關於大同臉書專頁，除了 TATUNG 同樂會外，還找得到以食譜烹飪為主的大同電鍋好用 50 年，以及以推廣周邊為主的映鮮共三種粉絲專頁，必要性有待商榷，如果可以將三種專頁直接結合，相對的大同粉絲專頁的活潑程度也能高出許多。

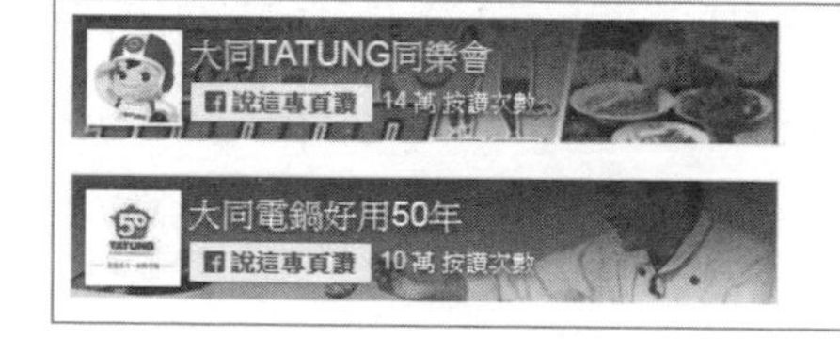

- 大同官方YouTube
- 大同公司官方網站
- 大同3C官方網站
- 大同3C料理廚房部落格
- 大同健康生活館
- 映鮮in fresh

大同臉書專頁之內容分析

大同臉書專頁名稱	投放內容	按讚數
大同 TATUNG 同樂會	產品宣傳	146,959 人數
大同電鍋好用 50 年	食譜烹飪料理	101,359 人數
映鮮 in fresh	周邊產品、食品團購	1,830 人數

資料來源：陳玥岑整理製作

由上，在數位環境的進逼，大同從前所未有效處理的品牌理念落實、對於特定產品的倚賴性，已經足以讓大同一個頭兩個大，更

何況還多出了因應數位需求的品牌行銷調整，而目前看來，整體自媒體的操作過度紊亂無章，需要重新操作整合，捨棄傳統思維，重新統整品牌策略並打入消費市場，才能夠讓品牌持續有曝光度，如果一家企業的心理只有「做好產品即可，其他不用管」的心態，對於媒體操作的應用永遠不去更新及應用，那不管品牌做得再怎麼好，都會因為新品牌競爭的問題而讓老品牌石沉大海。

重視媒體操作，才可穩固消費者的心

此外，大同也成立了官方 LINE，作者有加入大同官方 LINE 實驗了一下，大同官方 LINE 的好友數約 700 萬人次，除了會有必要通知訊息之外，也會不定期推出購物回饋購物金或是食譜之類的活動，只是活躍度方面，以一家知名品牌的角度，仍有提升空間。

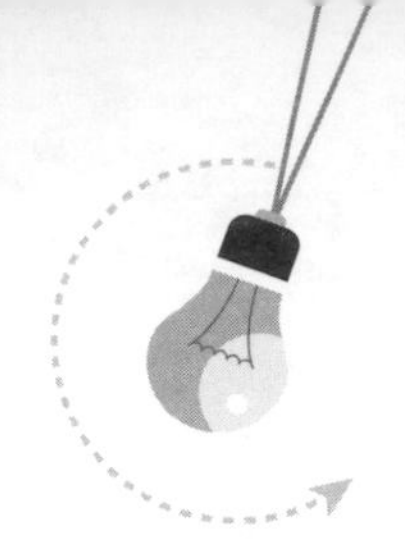

大同媒體策略類別分析

媒體通路	策略手法
自媒體（官方網站）	介紹大同公司理念，展現投資項目及製造之家電產品，讓消費者理解大同公司目前正在積極推出之新世代產品。
電商平台（大同 3C、E 同購）	透過電子型錄介紹並引導消費者進入主要購物官網，以達到產品比價、線上購買目的。
臉書專頁（大同 tatung 同樂會、大同電鍋好用五十年、映鮮）	大同擁有三個粉絲專頁，彼此並無交互行銷策略，分別如下： 通過投放產品特賣會及產品宣傳，吸引消費者關注並願意前往消費。 與電鍋有關之臉書專頁則是透過分享食譜吸引同溫層之消費者一同討論與經驗交流。 映鮮較偏於食品團購平台，推出不同食品或新鮮蔬果讓消費者有選擇性購買。
官方 LINE	加入好友後，不定時推出食譜分享以及購物回饋金等互動方式。

資料來源：陳玥岑整理製作

進一步從社群媒體的角度來看，不論是粉絲專頁或官方LINE，整體操作不盡理想的原因之一，在於對年輕消費者的理解。

作者認為，最重要的不外乎就是要以「新奇、有趣」的觀點來吸引消費者，搭配的小編也必須可以迎合、回饋消費者，時不時給予回覆，讓消費者能夠有暖心的感覺，加上若粉絲專頁可以不定期舉辦抽獎活動，更能夠增加曝光度並使品牌效益持續增長。

可惜的是大同公司在社群操作的認知較為薄弱，貼文內容也大多都是單純的產品介紹或是產品特賣會的資訊，亦未有舉辦過抽獎活動，一方面來說顯得無趣單一，一方面而言就是請來的小編不懂得人心的操作，使得品牌影響力在數位媒體上成效不高。

社群操作首重人氣，而人氣的來源是內容。故此，上述提供更「新奇、有趣」的內容外，試圖整合三個臉書專頁，也是值得思考的方案。除了可讓內容更為豐富多元外，再集中火力搭配各種如抽獎、打卡，或是舉辦消費者將自家的電鍋食譜分享至臉書專頁上等活動，都可以強化與消費者的黏著度。

又比方線下實體門市的開幕，則可以透過粉絲專頁，舉辦如打卡等集客活動。第一步除了先告知消費者目的之外，也需請消費者將打卡的照片貼在個人的動態消息上並設定公開，最好是消費者自己也有入鏡並且也有顯示自家品牌的照片，這樣一來消費者的心理就會有個「因為自己有入鏡了」所以便不好意思撤下貼文，若再請消費者在標註店面位置，就能觸及周邊居民，延續活動效益。

按讚、留言、抽獎就比較適合更長期的客群凝聚操作，次數可以一個月 1 ～ 2 次為限，獎品固然重要，但也不能為了打腫臉充胖子就把高檔商品全部往外送，錯誤的操作不會讓品牌印象變得長久。

總而言之，一個好的、完整的品牌行銷策略，必須要將消費者納入計劃之中，才能夠貼近對產品的需求以及期望度，如果一昧的只是追求產品本身的完整性或是架構過於龐大，不止失去消費者，連帶也可能降損自身品牌理念與價值，作者以下面兩點作說明：

1. 大同電鍋自上市以來就一直是大同的主力產品，為了能夠讓消費者增加對品牌的黏著性，對於產品的完整性而言大同公司在電鍋的容量及外型上皆不斷地改良並且推陳出新，也推出限量款造型電鍋，最終目的便是要讓消費者能夠更加愛用自家產品，然而大同公司底下的其他家電產品如電視機、冰箱、冷氣機等較卻較少出現在現代人的記憶之中，對於大同的品牌印象仍是停留在電鍋上。
2. 為了彌補其他家電產品的出鏡率，大同公司創立自媒體及電商平台，試圖以優惠價格吸引消費者購買，而臉書專頁除了與自媒體一樣有著家電優惠價格的貼文外，也有分別推出電鍋食譜及團購美食等等不一樣的內容，看似完整的社群架構與品牌策略，卻未能改善與消費者間的互動。

因此，社群最大的功能，就是讓消費者能藉由品牌與該產品有所連結，最為明顯的案例，當然就是大同公司 = 大同電鍋的連結度。

今日的消費族群已習慣藉由數位環境來了解品牌，若是能夠透過其他消費者的分享及產品開箱文來提昇品牌價值，縱然沒有實際體驗，但根據其他他人的心得說明，該產品的實用度及購買意願也會在消費者心中有所提昇，對於品牌好感度也能夠有所成長。

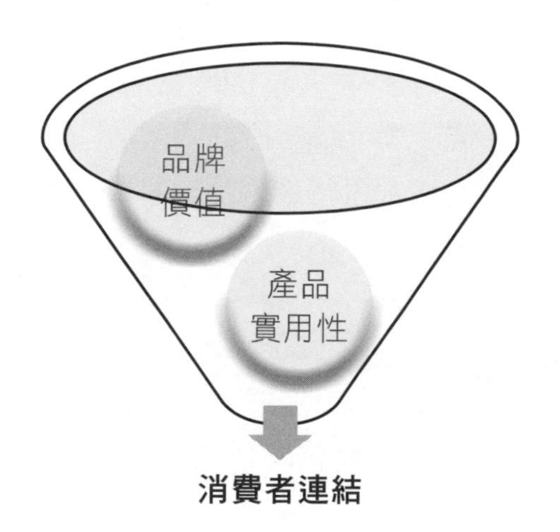

資料來源：陳玥岑整理製作

多品牌的策略手法，也可能是自家品牌的阻礙

反觀另一個國產電器品牌聲寶，在品牌認同上，有著不同的結果。聲寶早年以收音機以及唱片的電器行起家，最後以一台電視機

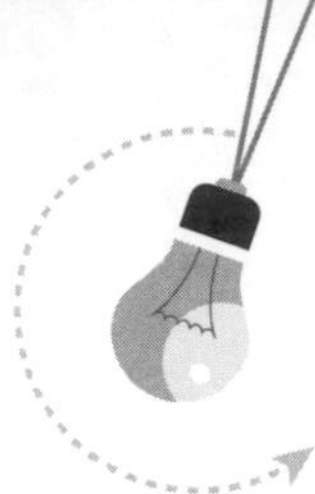

新聞

聲寶今年首度編列網路廣告預算，春水堂獨獲青睞

文/ 陳曉莉 ｜ 2001-04-26 發表

讚 5.9 萬 按讚加入iThome粉絲團 讚 0 分享

這是聲寶首次正式編列網路行銷預算，除了因本身積極e化外，也將藉由網路的年輕族群開拓新市場。為了測試網路行銷活動的效益，聲寶此波10周特賣商品的曝光活動，將完全在網路上進行。這整個活動過程與結果，很可能成為網路行銷活動是否有效的最佳試金石。**為測試網路廣告效益，不在其它媒體進行行銷**

此次聲寶股份有限公司與春水堂所合作的嵌入式行銷，是聲寶首度正式編列網路行銷費用，為了了解網路行銷是否有實質的效益，這一波的產品行銷活動，將完全在網路上進行。

#真人真事 #感謝消費者熱情見證奇蹟 #聲寶耐用分享

SAMPO聲寶空調陪您跨越40年❖傳承回憶 汰舊換新(3mins)

轟動了打響名號。

相較大同的品牌印象聚焦在電鍋，如今的聲寶並非集中在電視。早期聲寶採用多品牌策略為主，除了自有產品之外，以代理日本 SONY、SHARP 與 TOSHIBA 等電器產品，逐漸建立品牌知名度。也因此，我們對於聲寶的認知與記憶，不只是單一商品，而是多元電器。

只是，多品牌走向雖也是一種策略，但同時也是阻礙自家品牌發展的危機，作者認為，聲寶的主力還是需建構在自有產品上，才能夠與其他品牌同進同出，畢竟在消費觀念之中「家花不比野花香」，如果有國外品牌可以購買，對於國產製品上，消費者的購買慾望就不會顯得那麼正面，反而會利用國外品牌來與國產品牌作比較。

聲寶和大同一樣，也著手因應年輕化議題。2011 年，聲寶編列網路預算並與春水堂「輕描淡寫」愛情網站合作共同進行嵌入式行銷，在當時可以說是一個相當大的突破，雖然此項新聞來源已有些年代，但也證明了聲寶在網路 E 化上的積極程序相當高，也因聲寶嗅到數位轉型的必要性，積極投入數位產業以及打造媒體策略，iThome 新聞內容也名確點出，聲寶產品在開賣 IA 家電及 LCD 產品後，消費年齡層從原先的 35 ～ 55 歲之間，下降到 25 ～ 45 歲之間，成功攏絡了新一代的消費族群。

在自媒體經營方面，聲寶除了將榮獲信譽品牌金獎作為品牌標示之外，貼文內容也較顯得人性化，也願意與消費者進行互動，推出許多專屬活動讓消費者可實際參予，更在 YouTube 上發表 40 周年汰舊換新的影片，值得一提的是聲寶在此波操作手法上使用真實素人來傳達對於家電更換的心聲，透過吐露真實心情來傳達對於聲寶產品的品牌故事，引起過往消費者對於品牌的共鳴以及認同。

關鍵數位行銷曾採訪聲寶總經理特別助理楊智偉，當時楊特助便有說「在數位的時代，一切的思維都改變了，很多東西是我們要從消費者使用習慣去學習的，研發人員和行銷團隊也不能只用傳統的營銷方式，需要用更現代化更科技化的方法取得數據。用這些數據也才比較有說服力，對於我們之後的產品開發及客戶服務做更進一步的改善。」

有關於楊特助內容中所提及以之數據取得，作者認為聲寶創立「百利市」電商平台以及網路購物中心是取得消費者數據的關鍵點，以前的家電產品一旦賣出之後，除非顧客主動叫修，不然根本無法與顧客保持長久的主顧關係，更不用說要取得顧客的意見來改善品牌缺點。

而聲寶透過「百利市」提供更多取貨據點及安裝服務，也串聯起人與數位之間的連結點，掌握到第一手的資訊。

傳統事物是美好的，然而為了能夠讓傳統事物可以完美留存在人們心中，就需要突破、改變、實行，才能夠真正落實品牌價值，並且更加貼近真實的數位生活。

Digitimes網路新聞內容指出，對於從事產品設計研發的單位而言，除了深知家電設備的銷售狀況，甚至可以估算家電需要維修服務的時間，透過主動聯繫，善用保固期內免費到府檢驗及零件更換的策略，增加了客戶的忠誠度。

在網路發達的現今社會，要如何善用工具來跟上消費者的腳步，數位時代網路文章中提到四種忠誠度培養方法：「產品價值」、「服務機制」、「網站內涵」與「會員機制」：

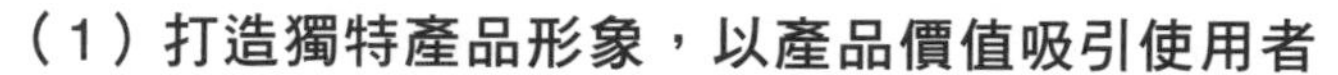

（1）打造獨特產品形象，以產品價值吸引使用者

「商品」是電商的最重要核心基礎，沒有好商品，即便服務、促銷做得再多，網站做得再精美，依舊無法吸引使用者購買。若網站能顯現獨特且強烈的產品訴求、呈現獨家感，給予使用者「只有在這裡才買得到」、「品質比競爭者好」或「價格更實在」的感覺，使用者自然會回流，並對平台產生忠誠度。

（2）透過獨特的服務機制，強化不可取代性

除了產品價值以外，附加服務可以提供使用者更好的購物體驗，並在整體購物流程上做出差異化，增加不可取代性。常見的服務機制如結帳與送貨效率提升、購物流程的順暢度、完善的退換貨服務、商品數量的充足度與商品種類豐富度等。

（3）增加網站內涵，強化瀏覽趣味性，增加使用者回訪意願

網站若能提供良好的瀏覽體驗，使用者通常會再次回訪。因此，透過了解使用者的瀏覽情境與需求，網站可以進一步提供豐富與趣味性的內容，提升每次逛網站的使用者體驗。

（4）透過會員機制增加回訪誘因

使用者大多期待常使用的購物平台能夠提供更多購物上的便利與優惠，可見會員機制也是提高顧客忠誠度的重要機制之一。常見提升回訪頻率的機制包含「寄送 EDM 或 App 增加與客戶接觸頻率」、「會員分級積分制度」、「現金回饋」、「信用卡紅利點數折抵購物金額」和「遊戲模式」等。（資料來源：https://www.bnext.com.tw/ext_rss/view/id/645937）

聲寶「百利市」電商平台，主打產品仍以自家產品為主，但在產品的分類上除數位家電外，也會有生活用品及美妝保養等多樣品牌走向，也提供了超商取貨及宅配等便利消費者的購物模式，在會員機制上也打出分級制度，享有百利市各項優惠以及紅利集點免費換贈品等專屬禮遇。

反觀大同３Ｃ雖然也有會員機制，但是主要的購物模式以及會員消費集點仍是以實體門市為主，商品分類也不如「百利市」多樣，在產品獨特性以及服務機制的開頭上就已經無法與之比擬，單調的網站內容也無法引起消費者的觀看意願，在各方面條件都無法達成消費者期望的情況下，不論是大同 3C 或是所屬的 E 同購電商平台，都無法培養忠誠度。

大同公司會員機制

作者引介聲寶的案例，無非是在説明，大同與聲寶皆為擁有久遠歷史的國產品牌，然而在數位化的沿革當中，大同公司雖然很想要利用品牌策略打入消費者市場，但長年下來，卻還是深陷在大同電鍋的輪迴之中無法順利走出來。反觀聲寶，相對卻以更活潑的方式，擺脱傳統枷鎖，活化了品牌價值，箇中道理值得我們深究學習。

分級	新會員歡迎禮	不定期紅利加碼	會員活動	年度會員禮	生日禮	升等禮
VIP會員		V	V	V	紅利15點	紅利10點
鑽石卡會員		V	V		紅利10點	紅利5點
金卡會員		V	V		紅利5點	紅利3點
銀卡會員		V	V			紅利1點
普卡會員	V		V			

資料來源：陳玥岑整理製作

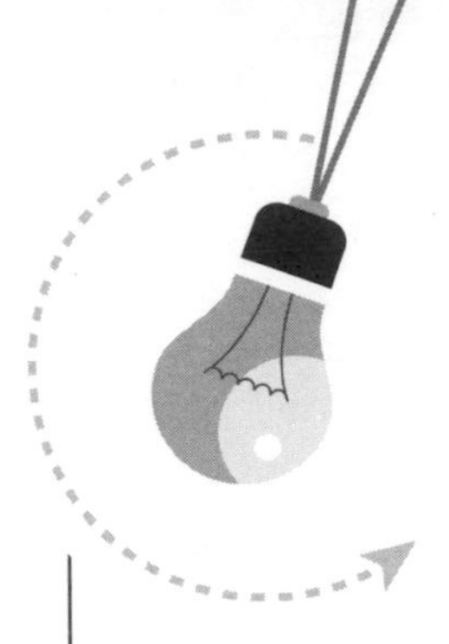

4.2

理想很豐滿，現實很骨感：手搖飲料的革命史

「我要成為航海王！」這是一句大家耳熟能詳的台詞，主角為了能夠達成自己心中的願意，勇敢地踏入未知領域的冒險旅程。

主角一邊在海上漂流，一邊想像著自己擁有一艘大船，船上除了有自己之外，還有許多夥伴，但他卻沒有辦法想像在尋找夥伴的路途中會遭遇到多少困難，或是會遭遇多少無法認同自己理念的人們，他也未曾想過現實是否真能讓他如此順利。

在漫畫中我們看到的主角，是沒有經過深思熟慮，憑著自己的樂天以及毅力，憑藉著主角光環找到了許多願意陪同自己的海賊夥伴。

不過，我們並不是要探討動漫，而是談論品牌，以及為了成就品牌所必須付出的代價。

在現實中培養品牌，並不像漫畫人物那樣簡單，只憑著一股樂天的熱誠就可以達成，除了要有短期計劃，也得要有長遠的規劃，透過自媒體、新媒體的行銷管道，培養品牌知名度以及加強曝光率。

處理危機，不應以高姿態來反擊消費者

先講一個小小的案例，當初清玉手搖飲推出了號稱黃金比例的翡翠檸檬茶飲，席捲了整個手搖飲料市場，不少消費者甘願在現場大排長龍，就為可以喝到一杯要價不斐的翡翠檸檬。看似完美的發大財計劃，卻因為清玉並沒有完整的品牌因應策略，造成在遇到媒體負面報導之後人流散去，使得翡翠檸檬風暴就像是充過了頭的氣球，爆了氣不打緊，也衍生出許多消費者爭議。

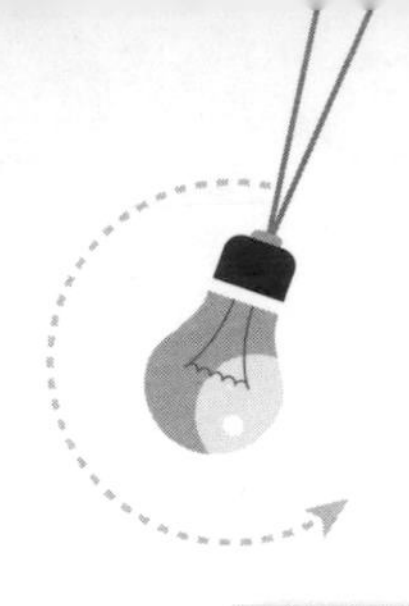

2013 清玉事件

曾提出翡翠檸檬「黃金比例」的口號，造成消費熱潮，但後續被媒體爆出其甜度高達 14 度，一杯翡翠檸檬下肚等於喝下有著 22 顆方糖的糖水，與清玉「有機菜、生菜蟲，健康糖、生螞蟻」之品牌訴求不符，再加上無法甜度客製化而引發消費者爭議，成為 PTT 上討論話題，業績無止境下滑成為經營夢魘。

故此，在這個議題上，清玉遇到兩個首當其衝的問題：第一，過甜與健康的品牌訴求衝突。第二，原比例堅持的服務糾紛。清玉在面對輿論的撻伐，並不能苟同，製作「日常生活中你所不知道的甜度」，試圖強調自己的甜度實屬正常。例如，葡萄甜度 15.4、香蕉甜度 19，櫻桃的甜度甚至高達 20 等，在在強調自己品牌並無「超標」。

但清玉忽略了一個根本的問題：水果的甜度來自天然，但飲料的甜度卻是外部添加。當一個講求天然的品牌，卻依靠過多的外部添加，又命名定為「黃金比例」，便違反了品牌本身的價值，招來消費者的反感。此外，在話題鋒頭上，又站在高姿態反擊，自然得不到善意回應。

品牌危機事件	清玉做法	作者建議做法
1. 號稱黃金比例，實則甜度高達14度＝22顆方糖。 2. 堅持原比例，無法客製化。	在臉書官網發表有關日常飲品及水果甜度的差別試圖引導消費者將方向轉移，但仍引發消費者批評。 （資料來源：https://www.ettoday.net/news/20130831/264382.htm）	透過以下三種管道分別進行： 1. 第一時間先找媒體澄清甜度檢測及客製化一事，並採取低姿態論述。 2. 再藉由臉書專頁來與消費者重新互動。 3. 推出挽留活動，透過折價或是客製化飲料行為重新贏得消費者信任，試圖為品牌打造新形象。

由於不管在平台上如何用關鍵字搜尋，找到的都是有關清玉的負面形象，藉由負向口碑的病毒式傳播，最後能將辛苦打造的品牌王國毀於一旦。

故此，清玉遇到品牌危機時，第一時間須先放下高姿態，並以自媒體進行初步澄清，再來便是利用新媒體的力量來傳播品牌正面形象，如果可以，再打出一些網路活動，比方在粉絲團按讚、打卡折價，或許還能夠挽回一些名聲。

可惜，清玉因為不了解品牌形象的重要性，對於因為危機風暴而關閉分店的消息，始終只有一句因為店家合約到期所以收回加盟店的續約，看似簡單一句話，卻也容易被誤會是逃避心態，留在消費者心中的也只有對於品牌的負面形象，得不償失。

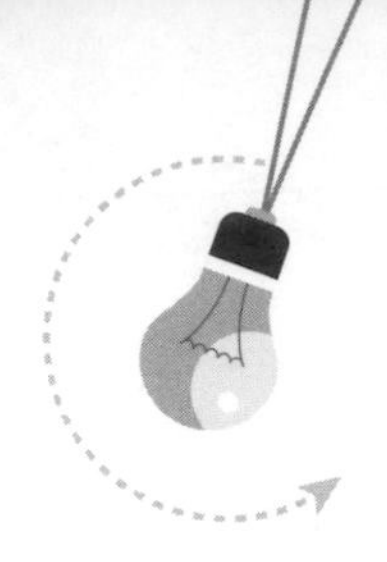

危機後的自救，應要重新探討品牌新價值

第二個例子，是曾經與清玉一同經歷輝煌時期的「英國藍」手搖茶飲，店面裝備以歐洲風格為主，在當時也受到不少年輕族群的喜愛，但在 2015 年時爆發食安問題，導致業績受到嚴重影響，當時英國藍也因原料供應商問題為自家品牌喊冤，但在自行送驗後卻也打了自家的臉狠狠一巴掌，後續危機處理與退費機制不完善，要求消費者「持空杯退費或換貨」，引起各界撻伐。

品牌危機事件	英國藍做法	作者建議做法
2015 年英國藍茶飲玫瑰花瓣原料，被驗出包含有世紀之毒 DDT 在內的 11 種農藥殘留，後續業者自行送驗，造成爆出多款茶業都有農藥殘留。	委曲訴說相信原料供貨商洲界貿易公司檢驗報告，試圖將品牌塑造成受害者形象，並推出消費者說幾杯就賠幾杯之退費機制，但後續卻又跳針改為需持空杯才可退費，引發消費者極度不滿。 （資料來源：https://www.setn.com/News.aspx?NewsID=70618）	建議方法如下： 1. 首先，需誠實面對過錯。 2. 站在消費者立場，制定完善的退費機制來建立品牌的反省誠意。 3. 透過數位傳播媒介，扭轉品牌印象。

資料來源：https://news.tvbs.com.tw/life/606596

在英國藍事件之後，以前的加盟商為了可以繼續存活，選擇了自行創立新品牌，像是「布雷提（Brit. Tea）」本身也不忌諱前身是英國藍的加盟主，因對前總部已失去信心才會跳出來自創新品牌並重新出發，這樣子的操作手法中，以自我揭露的方式來向消費者說明並期望能從負面形象轉型，雖然仍會有風險，但卻還是能讓消費者感受到品牌誠意。

或是另一起重新出發的案例「馬克斯（Marcus）」，但卻發現這幾家分店臉書專頁，發文時間皆停留在2015年，此後完全沒要更新的意思，感覺起來就只是在交待一件事：「我重新開店了，就這樣。」就算是自我揭露、借勢反撲的「布雷提（Brit. Tea）」，請了部落客撰寫推薦文，卻也僅寥寥一篇，錯失與消費者真正溝通的可能。

兩家新品牌忽略了品牌策略的重要性，品牌的本質，應是讓消費者能夠清楚了解品牌的意義，若能再透過數位媒體重新打造形象及完整的消費策略，就更能與目標族群達成共鳴，否則，只不過是一間可有可無的飲料店而已。

<table>
<tr><td>英國藍加盟商後續</td><td>1. 群創開店→馬克斯（Marcus）、布雷堤（Brit.Tea）
2. 自創開店
3. 轉品牌，續加盟
4. 失信心，直接關店</td></tr>
<tr><td colspan="2">後英國藍時代馬克斯（Marcus）、布雷堤（Brit.Tea）分析</td></tr>
<tr><td>馬克斯 Marcus</td><td>・重新設計品牌識別元素並走數位策略，在電商平台（GOMAJI、goodlife）推出優惠方案，也創立各分店之臉書專頁，但更新時間持續停留在 2015 年，後續皆未再更新內容。</td></tr>
<tr><td>布雷堤 Brit.Tea</td><td>・以歐洲茶品主打，品牌採用藍白色系呈現，搭配前方的騎士 LOGO，除一樣在電商平台（GOMAJI）推出茶飲優惠外，亦有搭配部落客推出互惠活動，但並未有臉書專頁可進行數位策略。
部落客文章介紹：https://zineblog.com.tw/blog/post/45128396</td></tr>
</table>

資料來源：陳玥岑整理製作

馬克斯Marcus 士林店
2015年5月24日
Dears,
於2015/5/23士林大北路54號，Marcus馬克斯
以嶄新面貌重新出發，嚴格把關原物料，使用擁有300多年歷史的英國皇家指定御用茶Twinings
，茶香嫋繞，甘美在口中綻放，深獲維多利亞女皇、喬治五世、愛德華七世、亞歷山大皇太后等的喜愛，成為皇室貴族的御用專門店，。
希望能以平實的價格讓大家都能一同感受這份美好，期待您的蒞臨。
還有3張
42
16則留言 4次分享
讚
留言
分享

【台北】Brit. Tea 布雷堤 騎士嚴選茶館 (所有茶品SGS檢驗通過，升級版飲品讚!)
0 SHARES
Brit.Tea

Marcus'
馬。克。斯
英國皇家指定御用茶

Brit.Tea

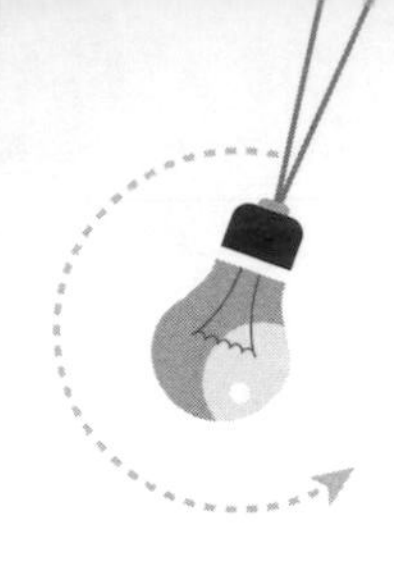

做好數位溝通並能以身作則，才可更加貼近消費者

相較而言，清心福全算是從傳統成功轉戰數位的案例，不管是從自媒體或是新媒體的報導，甚至在影音平台上，清心福全都積極打造品牌的曝光度，傳統印象中，清心福全靠著平凡復古的招牌以及傳統茶飲，累積了不少忠實顧客，而隨著世代的交替，品牌轉型以及品牌年輕化的功課，便已交給了第二代去打理。

清心福全第一代因不懂媒體的重要性，在遇到一連串的謠言、安檢風波，仍堅持「清者自清」的想法，並不願意撥下預算來利用媒體力量澄清一切，若不是第二代發現網路傳播的危害性並積極尋求解決方法，恐怕我們現在就再也無法看見這樣一個老品牌繼續存在了。

網路散播清心飲品含茶精等不實傳聞
警方移送法辦！！

清心冷飲 檢具網路討論區留言報警

誹謗清心商譽 三嫌送辦

清心福全公司對於惡意詆毀商譽、中傷形象之不實網路謠傳，持續關注、處置，且不排除循法律途徑解決，以捍衛本公司信譽，並維護消費者權益，此為本公司處置案例之一。請有心人士自重，勿以身試法，亦籲請消費者切勿聽信謠傳，以訛傳訛。

道歉啟事

清心福全

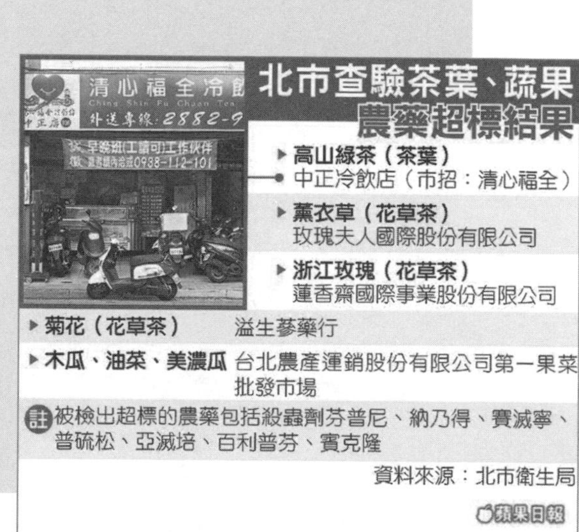

北市查驗茶葉、蔬果農藥超標結果

- 高山綠茶（茶葉）　中正冷飲店（市招：清心福全）
- 薰衣草（花草茶）　玫瑰夫人國際股份有限公司
- 浙江玫瑰（花草茶）　蓮香齋國際事業股份有限公司
- 菊花（花草茶）　溢生蔘藥行
- 木瓜、油菜、美濃瓜　台北農產運銷股份有限公司第一果菜批發市場

註 被檢出超標的農藥包括殺蟲劑芬普尼、納乃得、賽滅寧、普硫松、亞滅培、百利普芬、賓克隆

資料來源：北市衛生局

蘋果日報

清心福全 第一代 （趙福全）	1987 年成立，未使用媒體通路宣傳自家品牌，只藉著茶飲建立口碑及顧客忠誠度。
	2007 年，網路謠傳清心福全茶飲加了「茶精」來誘發茶飲的香氣，清心福全第一時間並未能做出初步澄清，仍是努力做好自家品牌茶飲，後續則由第二代尋求警方處理並抓到隨意散播謠言之網友，要求登報道歉以還給清心福全一個公道。
	2012 年，發生衛生局抽查到茶葉農藥殘留超標 8 倍，趙福全將定期檢驗之茶葉更改為批批檢驗，此次事件依舊未透過網路媒體做說明及改善方式。（資料來源：https://www.mirrormedia.mg/story/20170707bus006/）
	作者觀點：第一代處理危機事件的方式皆不透過任何媒體或是數位管道，只想憑實力做事洗白不實傳言，卻忽略數位媒介傳播的速度，正因第二代知曉危機爆發的可怕性，才尋求警方協助並維護住品牌形象。
清心福全 第二代 （趙啟宏、趙啟成）	未明確交代何時交棒，但 2017 年趙福全在 30 周年記者會上明顯將發言權交給了第二代，讓他們可發揮自身價值，第二代承接了清心福全的經營權後，啟動品牌轉型，除了茶飲品質，在服務以及設備上都有所加強，並打造數位策略（官網、臉書專頁、LINE 群組）以及品牌合作（三麗鷗系列、航海王）

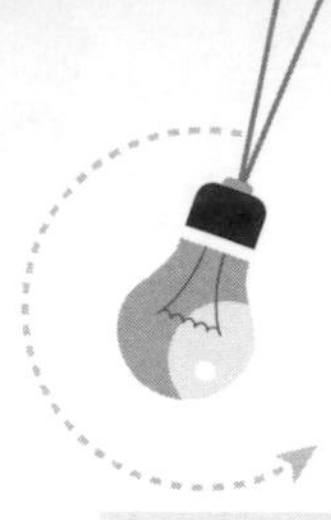

清心福全—和黃小傑。
12月20日上午11:00 ·

限量【My Melody雙面拼接環保提袋】12/25（三）上午11：00聖誕暖心登場

Hello！歡迎再次來到My Melody頻道，我是今天的直播主，
今晚是平安夜，大家有感覺到聖誕氣氛了嗎？如果你是一個人，
不要緊，讓美樂蒂與暖呼呼的清心手搖飲料陪你，就不孤單了～……
更多

清心福全
茶店
發送訊息

2,048　289則留言　354次分享

讚　留言　分享

清心福全—和宜君陳。
12月23日上午11:00 ·

【限量滿額贈 My Melody封口膜裝飾貼紙】可愛隨手貼，生活更可愛

12/25（三）當天除了上午11：00開賣的限量加價購商品「My Melody雙面拼接環保提袋」：(https://pse.is/MXYN9)

還有讓生活變得更可愛的夢幻滿額贈：…… 更多

2,568　136則留言　264次分享

讚　留言　分享

第二代的清心福全嗅覺敏銳，不但在產品行銷策略上，堅守茶品專一，不會隨意推出新商品而讓原本的茶品下架，以凝聚固有客群的記憶忠誠。

同時針對品牌合作雙管齊下，陸續與蛋黃哥、航海王、Hello Kitty 等知名品牌跨界推出各種吸睛商品，藉以品牌年輕化，以吸引年輕消費者。

此外，更因環保意識的抬頭，加上法條規定不得再主動提供一次性的塑膠製品，清心福全知道年輕客群的社會道德感逐步增長，嗅到了一波環保商機，願意花成本開發相關商品連動品牌價值，除了繼續與三麗鷗聯名推出經典圖象紙杯之外，也推出限量「My Melody 不鏽鋼吸管套組」、「限量滿額贈 My Melody 封口膜裝飾貼紙」、限量加價購商品「My Melody 雙面拼接環保提袋」，在自媒體以及臉書專頁上大量投放廣告以吸引消費者關注，同時又能穩固老品牌的支持率，可以說是相當良好的數位溝通。

結論

品牌的建立並不容易，但要毀滅它卻可在一朝一夕。確知自己品牌的理念，避免商品或服務違背了品牌價值。

此外，善用媒體澄清社會疑慮，也是品牌經營必要的工作，尤其在這個數位化時代，打造一個能和消費者對話的數位平台，變得十分重要。持續藉由自媒體、新媒體、社群網站、App 來給使用者便利的資訊來源，對於品牌能見度與黏著度，都會有很大的幫助。

4.3

公益募款大作戰：社福組織間的競爭

社福組織的成立目的，無怪乎是替弱勢一群提供服務，以補充公部門福利政策之不足。只或許，長年累積下來的舊觀念「為善不欲人知」，加上缺乏品牌行銷專業背景，並對消費者產生過度錯誤的期待，在數位媒體造就的資訊發達下，以及眾多同質競爭的情況，讓許多社福組織深陷窘境。

由此，除了少部分熟知的社福組織外，比如像陽光基金會、喜憨兒基金會等，其他幾乎顯得沒沒無聞。

以陽光基金會為例，在品牌辯識度上清楚傳達對於顏面傷殘者之關懷及主旨，在自媒體如臉書專頁上也常有關於協助弱勢群體的報導，正因陽光基金會積極打造品牌價值，且發生八仙塵爆後，陽光基金會提供資源協助燒傷者後續的心理輔導及復健工作，使得品牌印象已深刻在消費者腦海中，在社福界中常常會與其他社福相關單位混淆。

喜憨兒基金會的品牌形象也點名是以心智障礙者為主要服務對象，為能讓服務對象可有就業機會，建立庇護工場，並透過體驗式行銷，讓心智障礙者直接服務消費者，讓消費者可了解有關身障者之就業困難，願意付出同理心及耐心來接受服務。

社福組織的品牌認同

作者認為，上述兩種社福組織之所以能被認同與記憶，最基本的原因就是服務單純、類比明確。顧名思義，喜憨兒基金會理所當然服務喜憨兒，而陽光社會福利基金會，則以顏面傷殘者為主，以重建陽光產生印象類比，這些都足以提升品牌印象。

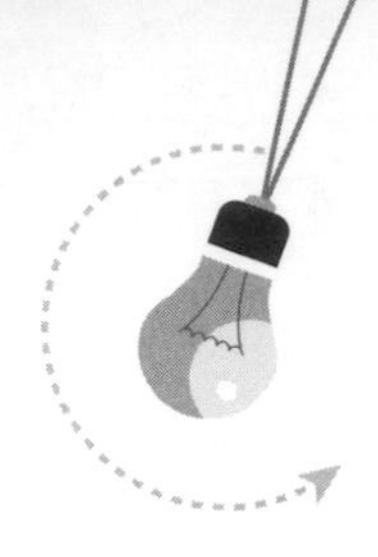

<table>
<tr>
<td>陽光基金會</td>
<td>

以太陽及顏面傷殘者為識別元素，品牌理念為提升顏損及燒傷者之生活品質與自我價值，促進健康、安全及平權的社會環境。
因理念及目標明確，在社會關注度上領先於其他社福組織。
目前主要有陽光加油站以及陽光汽車美容中心，帶領顏面傷殘者為社會大眾服務，更有陽光活力運動中心提供給身心障礙者使用，達到社會資源有效利用的目的性。</td>
</tr>
<tr>
<td>喜憨兒基金會</td>
<td> 喜憨兒社會福利基金會
Children Are Us Foundation
藉由憨兒（心智障礙者）來向社會大眾傳達終身照護及終身教育的理念，並創造就業環境，讓憨兒能以被服務者轉為提供服務者，創造身障者自我值。
目前有喜憨兒烘焙屋及餐廳，提供體驗式行銷，透過被憨兒服務，感受到溫暖與愛心的滿足。</td>
</tr>
</table>

育成基金會
憨兒謝謝您

由此反觀，部分社福組織之所以品牌印象薄弱，很可能前提就是缺乏直接的印象聯想。更別提在現實環境中，同性質的社福組織更是不計其數，如何製造品牌價值、差異與記憶，都是初創就必須努力釐清的目標。例如作者較為熟悉的育成基金會，「是由台北市智障者家長協會的家長們及社會大眾為了讓心智障礙者得到終身完善的服務，共同籌募基金而成立」，其服務項目，主要是針對身障者的照顧、住宿、職場重建為目標。但該基金會的品牌辨別在社會中就顯得不夠明確，如下圖：「育成基金會／憨兒謝謝您」，本來如此立意良善，但卻和只服務喜憨兒的喜憨兒基金會重疊。又如，育成的主要的職場重建之一為洗車，但卻和早已熟知、也從事洗車的陽光基金會產生誤解。結果，辛苦努力的付出，卻無法得世人的品牌記憶。

由上，育成除了在命名聯想上，並不夠明確，再加上知名社福品牌也擁有相同服務，造成居於劣勢。除此之外，作者還有以下幾點分析：

一、該基金會在品牌行銷上的宣傳不足，雖然品牌理念有指出是以照護身障者為主體，也創立許多庇護工場如育成洗車中心或是忠孝庇護工場等讓身障者穩定就業的場所，但多著重在重點庇護工廠的行銷，缺乏一體的能見度與辨識度。

二、常常可見到基金會與電視台合作直播，或在 youtube 上傳達自家品牌的成效，卻因少在社群網站上或是使用數位媒體作為良好的宣傳管道，導致基金會的品牌曝光度不足，無法提升消費者的印象。

三、此外，也曾與立委江永昌合作直播，希望藉由知名人士提高品牌曝光度，雖在時段抉擇上頗佳，但拍攝卻屬包場式，品牌的虛實觸及都大為降低；再加上缺乏排練，和身心障礙員工互動不夠熟練，品牌傳達意義大打折扣。

四、曝光管道單一，僅選擇部分社群網路，在缺乏廣告預算的前提下，效益相對有限。

綜合以上種種，顯示問題多集中在整體策略不足、缺乏有效媒體規劃、廣告預算有限三大方向，而這些都攸關於社福組織的品牌行銷人才與財務窘境環環相扣。

但可惜的是，品牌觀念在我國的社福組織中，尚未成功萌芽茁壯，所以在博取消費者印象的思考上，常會從名人代言、公益合作與活動等借力策略著手，作者分別分析優缺如下：

行銷策略一：公益代言。與知名藝人或是網紅合作，並公開在媒體、社群網路上，讓消費者了解組織運作以及營運的困難等等。

行銷策略二：公益合作。與公益代言頗像，但不同的是，前者著重於宣傳，後者則是產品、包裝設計，藉由與插畫家或是曝光率較為高的名人合作，以銷售提高知名度或收入。

行銷策略三：公益活動。透過政府單位或自行發起，不定期舉辦義賣或其他公益類活動，以擴大社福組織曝光率。

以上雖然能快速提高知名度，但卻不是萬靈丹。舉例來說，邀請代言人仍必須謹慎，除了消費者的喜愛度之外，代言人的公益形象是否充足，以及與社福組織的品牌個性是否謀合，都會影響消費者的認同度。於此，作者藉由下方表格逐一分析。

行銷策略	優勢	劣勢	建議解決方式
公益代言	藉由代言人正面形象，在影響範圍內號召支持群眾一同投入公益行為。	若代言人代言期間內發生負面新聞，將會影響支持者意願，繼而退出公益行動。	務必選擇與品牌理念最為接近之代言人，並關注代言人所有言行，但遇到負面訊息時，第一時間進行應變措施。
公益合作	可提高社福組織及合作品牌之曝光度。	若是本身品牌形象就較為知名的設計者、插畫家，投入預算就會較為高，對於社福組織來說是個不得不仔細考量的策略評估。	預算本身為不可躲避之事實，故效益評估是重點，必須能確保投資後的回報。 作者認為，上述兩種最重要的問題，反倒是知名人士的喧賓奪主，故必須集中在品牌元素的宣揚上，避免造成品牌形象被模糊。

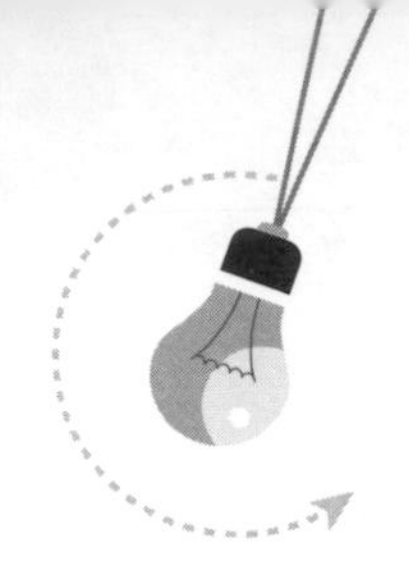

公益活動	透過宣傳，吸引民眾前來參與活動並可購買產品。	較難預估參與活動之消費者，也無法預料消費者購買意願。	多利用自媒體及臉書專頁上，預先宣傳活動，也可自行制定臉書打卡小活動等讓消費者有更高意願參與。

資料來源：陳玥岑整理製作

從悲情角色中脫離，重新打造正面印象才是解決之道

事實上，行銷活動並不能解決品牌問題。品牌形象處於弱勢的社福組織必須積極與大品牌產生差異化，才有生存的可能性。

為此，這些社福組織更應該落實以下方式，並用來改善目前處境：

一、務必了解品牌與品牌再造的重要性。
二、改善自身品牌劣勢，並以優勢創造機會。
三、探討競爭品牌的現況並分析成功要素。
四、重新定位品牌並強化組織營運能力。
五、撇除悲情角色地位，打造積極、嶄新形象。

尤其是第五點，常為社福業界慣常，故在此特別說明。

社福組織服務對象常處於社會弱勢，以悲情做為主訴求，以擄獲社會大眾的憐憫在所難免。這方法在一開始也許相當有效，但這

有兩種問題：第一，當所有社福組織都在打悲情牌時，由於訴求相同，知名度、曝光度高的品牌就容易獲得認同。第二，悲情訴求與長期認同並無直接關係，當消費者在沒有看見實質性的回饋，對於自己幫助社福組織的目的性開始感到懷疑，寧願選擇放棄並重新尋找大品牌的懷抱來讓自己的付出有明顯的回饋。

社福組織該有的念頭，是除了幫助服務對象獲得資源、回歸職場外，如何以服務對象的正面形象來影響消費者，並且適當運用媒體影響力讓消費者能夠認同品牌理念，而願意繼續支持該品牌。

比如像是麥當勞叔叔之家，就是以打造讓病童及家屬能夠在看病的長途跋涉中可以有個適當休息的去處而建立，而這項品牌理念涉及了全球病童的福利，自然就會吸引到許多消費者的關注，也願意繼續支持該品牌的善心行動，提升品牌價值。

許多社福組織往往透過第三方角度，來告知大眾有關服務對象的可憐及困苦之處，並轉而告知社福組織目前的困境，希望能夠以這些代言人的形象來喚醒大眾的同理心，但常久以來的做法，大眾對於第三方角度的感覺已逐漸麻痺，並非是大眾不願意捐出自身所得的一部份來幫助弱勢團體，而是在整個景氣下滑的社會風氣下，要溫飽自己或是養活家庭已經不易，又何談要去幫助他人呢？

社福組織常見的悲情策略除了應用在公益捐款上，在節慶的禮盒需求上也常打出「景氣不佳，愛心團體買氣低」等訴求，透過媒體的傳播以及代言人的宣傳，希望可以帶起買氣，然而大多數消費者仍會以坊間知名品牌或是高曝光度的社福組織禮盒來作為優先選擇，對於銷售數量低迷的社福組織，雖然仍會有企業以愛心名義來購買禮盒，但終究只是杯水車薪，要想跳脱此種風氣，社福組織也需先內省自身品牌是否需要改變，藉由服務對象的正面形象並搭配

代言人的協助來影響消費者購買意願。

對於改善社福組織的悲情策略，作者整理出以下建議：

1. 以服務對象的積極、樂觀角度出發，訴說工作上的心得及樂趣，再以代言人從旁著墨，藉以扭轉大眾對於服務對象「可憐」的觀感。
2. 透過公益廣告，讓大眾理解社福組織服務內容，對於社福組織拍攝廣告目的也不再只是「要錢」，而是希望大眾可以行動支持服務對象的就業，維持他們的自我價值。
3. 推廣企業或是業界人士組織成志工或是參訪各家社福組織底下庇護工場，與服務對象可一同相處及體驗工作內容，並將之記錄後發佈於新 / 自媒體及臉書專頁上，增加品牌曝光率及提昇企業公益形象。

社福組織處於弱勢層面是一項不變的事實，但同時也必須正視此項問題並且能夠作出明顯改變，不斷地要求大眾要付出愛心、同理心並非永久的萬靈丹，否則隨著時間的累積，社福組織最後留在人們腦海中的品牌印象，只有「乞討」而沒有「回饋」。

保守非錯誤，但仍須開拓新道路

在收尾之前，作者想分享一次與曾擔任庇護工場店長，離職後自行創建品牌，所獲得的心得分享。這位店長很有個人想法，並也說明以往在社福組織中，往往都會因為預算問題而導致想要拓展顧客市場的想法被切斷，讓他覺得惋惜，直至離開並創立門戶後，才能得以一展長才，雖然過程辛苦，卻也得到非常多的回報。

社福組織除了由政府單位撥發預算之外，大多款項都是由社會大眾捐款而來，少部份才是由自家庇護工場的營餘逐步累積，這些營餘才是可以真正去動用在宣傳活動上的，所以當弱小的社福單位想要藉由媒體管道來宣傳品牌時，那種無力感可想而知。

然而即便有足夠的營餘可使用，也必須受限於主管的決策，社福組織通常都會以服務身障者或是弱勢群體為優先，但未曾想到若只是一味的服務，卻不曾使用手中的資源來開拓更多消費市場或是資源管道，總有一天還是會因為手中資源被消耗怠盡而被迫停下服務弱勢群體的路。

社福組織手下的庇護工場，其實是一個很能有效利用的吸金管道，但社福組織常常只會有「讓他們可以穩定工作就好」的簡單想法，使得庇護工場的開銷永遠都會比收入還要大，如果可以利用媒體或是部落客的管道，對於庇護工場的曝光度以及收入效益就能夠提高很多。

只是，相對保守的品牌與行銷策略規劃，造就成最後只能依靠政府單位輔助才得以存活，這絕該不是一個長久之計，社福組織要能視自己為一個單位，並透過品牌策略來為自己謀得獨立自主的位置。

儘管育成基金會本身就像許多社福組織一樣，品牌形象不夠明顯，但底下如庇護工場等諸多組織，仍會積極的推廣自家產品，並刻苦克難、土法煉鋼的推出屬於自身的品牌策略。

最後，讓我們套用美國塔夫茨大學費恩斯坦國際中心（Feinstein International Center）主任彼得・沃克（Peter Walker）說的一段話，來做為本節的收尾：「一個強而有力的品

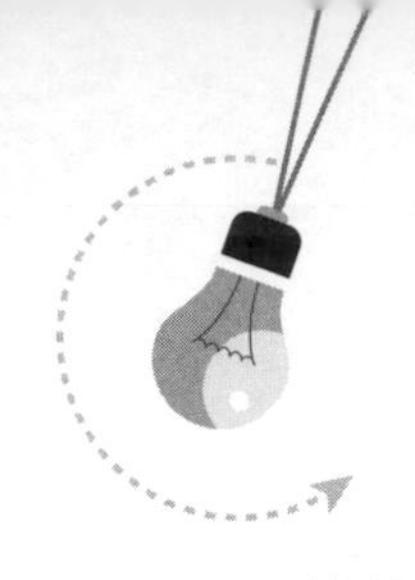

牌能讓你獲得更多的資源，以及能夠更自由的使用這些資源的威信。」強大的品牌能幫助組織獲得財物、人力和社會資源，並建立關鍵的夥伴關係。強大的品牌也意味著公眾的高度信賴，能為組織帶來權威和信譽，以便更有效率和彈性的配置這些資源。」（參考來源：https://npost.tw/archives/34743）

這是作者的心聲，也希望能和大家共鳴。

4.4

短線晉級術：讓議題發光發熱吧！

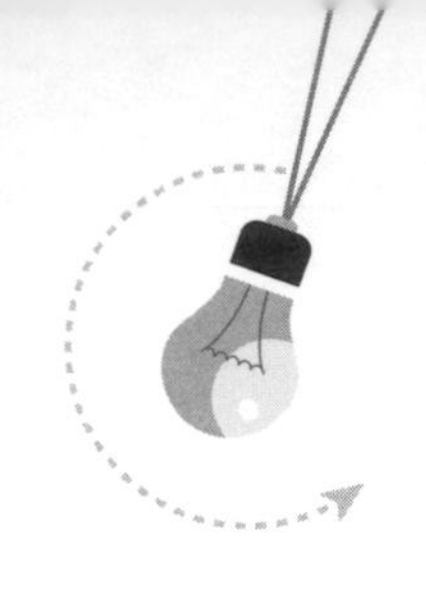

和消費者談場戀愛吧！

在行銷實務上，我喜歡區分為長期行銷和短線操作兩種。所有人都會有這樣的疑問：到底哪個更重要？我們應該跟隨時事嗎？實際上長期行銷和短線操作的重點，都是為了服務品牌，由長期行銷訂定基調，短線操作創造火花，兩相疊加來建立消費者對品牌的認知。而品牌的建立並不是單純為了賣出商品，而是讓消費者對品牌有所認知、信任、認同，故此，長線就可以講述為一個戀愛過程。從相遇、相識、相交到相知、相許的過程就是行銷者們在做的事情。

在茫茫人海中遇見了一個人（品牌），可能因為一些驚喜（行銷），又或者因為一直在不同場合中看到這個人（重複曝光），而對這個人產生了興趣——「相識」，這個時候因為好奇鼓起勇氣去接觸他——「相交」，發現了他的優點，也發現了大家對他的讚美（再行銷）——相知，時間久了即便發現他有微薄的缺點，也不足

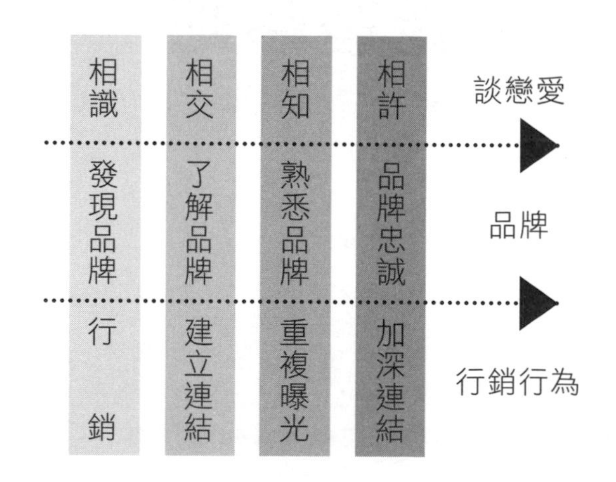

資料來源：楊孟臻設計製作

以抹煞他的一切美好，於是決定和他一直走下去（品牌忠誠）——相許，但是，相許就結束了嗎？不對吧，我們在交往或婚姻之後，才是細心經營的開始。為了留住這個心之所向的對象（消費者）。

所以說長期行銷和短線操作，我們所面臨的也是一樣的處境，短線操作就像戀愛中的小花招，你可能會記得曾經有些花火在戀愛中綻放過，但時間久了可能會隨風飄蕩。而長期行銷就是做口碑，一個人的浪漫不是情人節才想起來的，而是在生活中就可能會給你一點小貼心，時不時的讓你怦然心動。換句話說，每一個短線操作都應該是為長期行銷所服務的，一連串的小火花疊加、增幅才能造就一段浪漫的戀愛；如果一直在池子裡加水，那漣漪便不會停止，也許，甚至還能激起波浪不是嗎？

短線經典——創造冰桶符號

這幾年短線操作最成功的案例，應該要屬 2014 年的冰桶挑戰了。這個源自 ALS 協會的挑戰帶給社群世界的大地震，也帶來 1.15 億美元的募款，甚至時隔 5 年的現在，憑藉 ALS 的影響力，藉由擁護者們 13800 封信、3600 條推文和 700 多次會議，美國政府不僅答應將聯邦支出用於滿足 ALS 協會的主要支出優先事項中，並且國防部為其設立一個擁有 2000 萬資金的 ALS 研究計劃（ALSRP）。

ALS 協會的座右銘是：「創造一個沒有 ALS 的世界」，在冰桶挑戰後，把這樣的訴求再以「挑戰」的名頭補全這樣的理念。以挑戰之名，鼓舞患者戰勝疾病；以挑戰之義，拉攏挑戰著們一起參與；以挑戰之實，向政府尋求支援。冰桶挑戰不僅是 ALS 協會的募款手段，更是號召參戰勇士的革命號角。

冰桶挑戰成功的要素只是單純因為社群上的名人效應嗎？其實這個議題能夠在社群上激起巨浪也有很多的驚嘆點是我們可以思考的。

一、原始的方式──連環信：很多人小時候應該都收過這樣的紙條或 email，「如果將這封信轉給 5 個人，你這一年都會很幸運，如果沒有的話，可能會碰到不好的事情」。詛咒信可以追溯到中世紀，是最古老的病毒式行銷手段，這種病毒式行銷的著力點有兩個，一是獲得獎勵，二是害怕被詛咒。冰桶挑戰固然沒有這麼邪惡的去詛咒別人，但獎勵是可以要求別人也做挑戰，這種獎勵在某個程度上，其實也是驅動人性的一種手段。

二、炫耀與惡作劇：這個行為本身非常有趣，並且建立了那種「看別人一起出糗」的心理獎勵使得連環信獎勵非常有力，而受挑戰者也會有種不服輸的英雄心態，使的接受挑戰上更加大方，讓整個挑戰在社群上的炫耀和惡作劇心理都能得到滿足。

三、感性訴求：拉上公益目的的大義背景，讓傳播者能獲得美名，除了把詛咒信的負面性質全部都降到最低之外，公益本身就是最好的感性訴求，讓人們藉由冰凍體會漸凍人的心理，去理解並支持。

四、可以複製：因為冰桶挑戰的內容其實非常簡單，Z 世代以來人手一機，冰塊和水桶也是隨手可得的素材，所以複製起來也非常容易。有一個說法是原始的冰桶挑戰是跳入冰塊水池中，這顯然就是太過強人所難的邀請條件，以至於最終爆紅的是冰桶挑戰而非冰池挑戰。

在2016年冰桶挑戰結束後也做了一個很好的句點，那就是借助這筆廣大募款使麻薩諸塞大學醫學院（University of Massachusetts Medical School）進行的「MinE計劃」（Project MinE）找到突破性的發現。讓冰桶挑戰的短線，變成一個獨具意義的長期作戰結果。

其實冰桶挑戰最厲害的不是最終藉由名人效應造就的成功，當然，這個成功代表的意義是數位時代的社群效益有多驚人。在2019年底的至今仍可以藉由搜尋引擎估算出YouTube上有1440萬則冰桶挑戰的搜尋結果，而Facebook和Twitter上分別是1930萬和1840萬。最厲害的是這場活動的不可複製性，它是一個專屬的議題，冰桶兩字已經在社群世界中成為漸凍人的代名詞了，「創造符號」，才是這個冰桶挑戰最值得深思的重點。

先從命題開始

想要打造一個像冰桶挑戰一樣瘋迷全球的議題之前，我們首先要先了解社群文案設計，文案設計可以分為兩大向性、四種目的和十一種命題，只有決定好命題才能衍伸成為議題。

兩大項性分別是內部建立和外部連結。內部建立是由自身出發，品牌本身釋出的訊息，去拉近跟消費者之間的關聯。而外部連結則是藉由他人的訊息與己身串聯，向外延伸更大的受眾範圍，來吸引更多淺層的消費者。

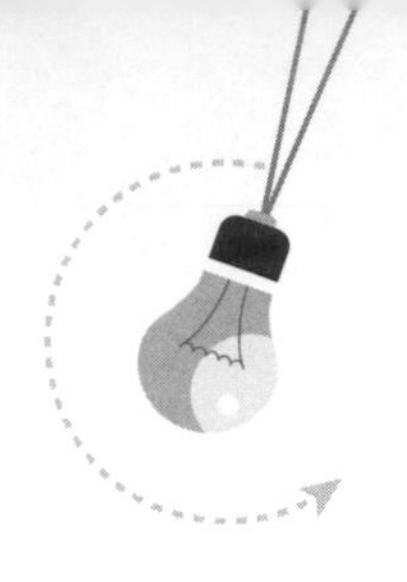

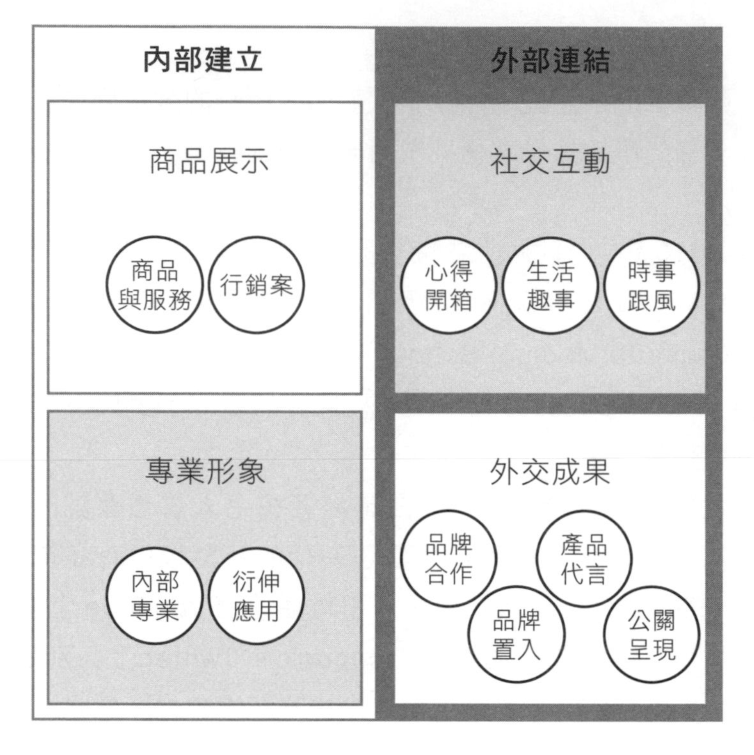

▲ 文案設計面向

資料來源：楊孟臻設計製作

四種目的分別是商品展示、專業形象、社交互動、外交成果。

- **商品展示**：商品展示目的在於導購，也是最常被品牌拿來下廣告的內文，包含行銷案與商品與服務展示。
  在這樣的目的分類下，商品展示其實是社群中最淺層的應用，如果只是將商品、服務把社群平台當作銷售管道進行導購，把社群變成布告欄將沒有辦法成為議題；行銷案的部分例如事件行銷、體驗行銷等，就可以衍伸進階成為一個議題。
- **專業形象**：專業形象的目的在於讓受眾產生對品牌的信任感，

包含內部專業與延伸應用兩種。

內部專業是介紹自身品牌的專業能力，像產品成分與做工、設計師作品呈現等；延伸應用則是把品牌服務或產品的內容觸手延伸到品牌產品以外相關連的事物上，像是可樂不能配曼陀珠一起吃、珠寶保養小知識，又或者是中華民國癌病腫瘤患者扶助協會的捐髮剪髮教學等，讓消費者能夠對品牌的產品或服務更加熟悉。

- **社交互動**：社交互動目的在於把產品與服務生活化，藉此提升受眾親近度，包含心得開箱、生活趣事、時事跟風。

  心得開箱是站在消費者角度直面品牌的商品與服務，模擬出消費者心態進行品牌推薦，讓消費者產生共鳴，像服飾業做小編換裝直播推薦搭配和身形建議就是一種常見的手法；生活趣事是將商品與服務生活化、故事化的表現，例如婆婆來訪前用一種清潔劑把家中打掃的一塵不染；時事跟風則是利用當前熱門議題加入自身的品牌，一方面拉近消費者的親近感，另一方面則是蹭熱度。

- **外交成果**：外交成果目的在於牽引更多的潛在消費者，包含品牌合作、品牌置入、產品代言、公關呈現。

品牌合作是藉由與其他品牌的合作互相提升彼此的受眾範圍；品牌置入是利用置入成果讓受眾產生共鳴，跟生活時事的應用雷同，只是生活時事屬於品牌自己創造情境，而品牌置入是他人創造情境而品牌展示成果；產品代言則是利用意見領袖的吸引力為商品或服務加值；公關呈現則是通告具體公關操作的方案與成效，藉此產生品牌溝通。

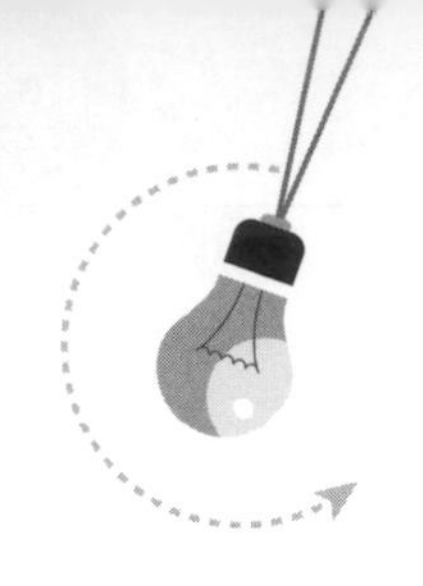

跟風不等於有效——符號與形式

2019 年的真人開箱文，也是一個席捲全台的跟風大潮，但是，為什麼冰桶挑戰得到的效益這麼大，延續性這麼長，而開箱文明明掀起了一股潮流，後期的效仿者卻只給大眾帶來疲乏感，僅僅維持了不到一個月呢？開箱文的起點是來自於歐洲瑞士蘇黎世警局的值勤內容，原意是想向民眾分享其不了解的職業細節。之所以能造成一股風潮，最大的主因是滿足人性的偷窺心理。當然，開箱文的廣布也跟冰桶挑戰有些相同的特性，有趣而值得分享、可以複製、具有意義等。

但是冰桶和開箱的差異造成了兩者截然不同的命運，冰桶挑戰成為漸凍症狀的代名詞，使得挑戰者還有觀看者都能透過冰桶符號將目光引導回 ALS 協會或漸凍相關組織，這也讓每一個跟風者做同一件事，都仍然有同樣的意義與目的性，但開箱是一種形式，複製成為一種徒具其表的模仿，開箱本身不具備特殊意涵，甚至較晚接觸開箱文的受眾根本不知道開箱的根源是哪裡。以至於跟風到後期就變得索然無味，像汽車產業可能祭出美女牌，但美女照是網路上最不欠缺的資源，也就造成開箱沒有必要的疲乏感了。

所以，就搭上時事線的品牌來說，利用開箱文的熱潮替自己吸引了部分目光的舉動是成功的，如果配合時事針對自己的長期行銷去做考量，意識到最重要的兩個問題：第一個問題是這樣的跟風有什麼用意？第二個問題是和事過境遷這個熱潮過去以後，這個跟風產物還有其價值嗎？跟風操作確實給品牌帶來了觀看量和親切感。至於跟的對不對，就在於參透這股風潮的本質有沒有跟隨的必要性。如果是為了公益形象，品牌跟上冰桶的腳步，那是一個很好的社會企業命題；如果是為了揭開產業的神秘面紗，拉近跟受眾之間的關係，那跟風開箱當然也沒有問題。但如果只是為了避免在流行上有所落後，而沒有目的性的跟風或流於形式忽視本身的手段與意義，那這樣的跟風恐怕對於品牌的宣達就沒有效果了。

不過就發起方蘇黎世警局而言，這樣的跟風造成的不是迴響，而是模仿形式，雖然最後還是作了一把努力，把各界的響應作成一個拼圖，並把方形矩陣視為俄羅斯方塊，將整個開箱命名為「Tetris challenge」，但因為沒有標的性的把品牌加入到這個議題中，所以成效有限，讚數剩下原先五分之一，留言和分享次數甚至僅剩十分之一。對於延續效應的繼續使用，顯然有點可惜。

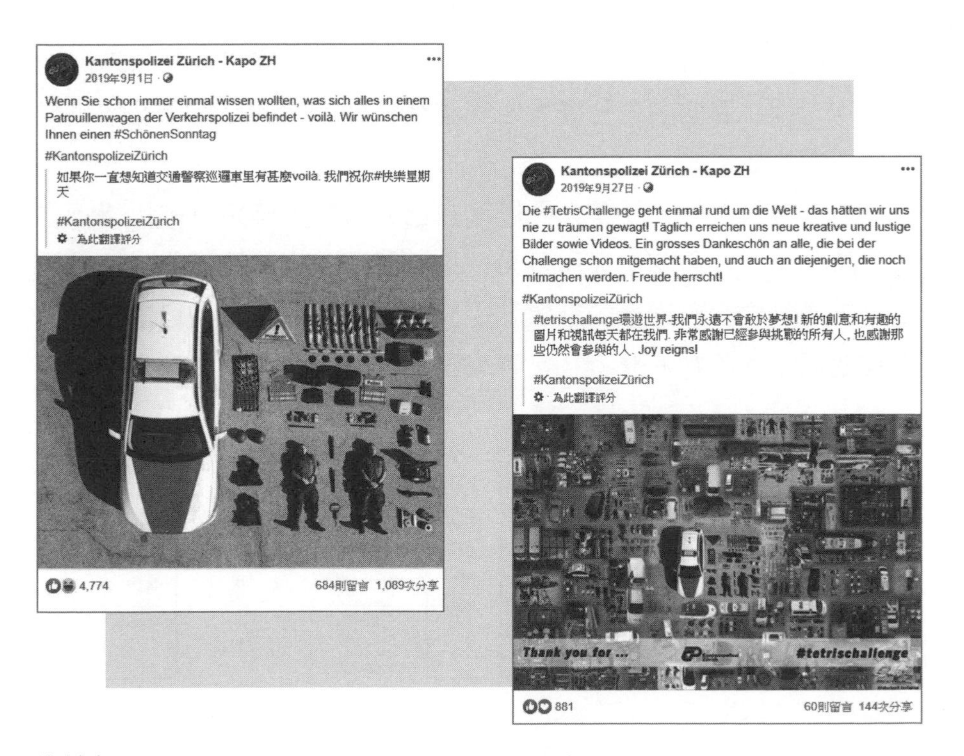

資料來源：https://www.facebook.com/PolizeiZH/

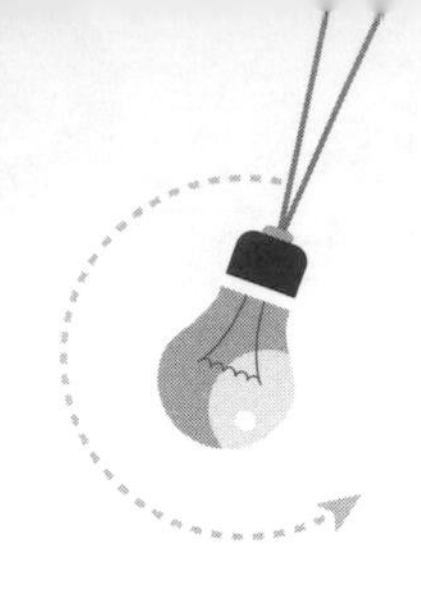

議題操作自己來

大致上，我們可以把議題分為三個類型：時事、時節、創新，時事就是依靠現階段的熱門時事去跟進，俗稱蹭熱度。時節則是配合天象、假期、節慶等環境因素去設計的行銷呈現。創新則是創造出全新議題。

究竟怎麼樣可以稱之為議題呢？感謝中文的博大精深，「議題」兩個字代表的意涵，其實就是「議」與「題」，能夠被討論的命題，才稱之為議題。

能夠「被討論」才是議題的重點，討論有兩種情況：持續和爆發，持續討論的話就可以利用系列或是專題的方式進行，而爆發的話，就是搶鮮跟搭線的方向了。以冰桶來説，一開始就被塑造成一個系列，以挑戰的名義拉攏大家一起進行；開箱的話則是從搶先轉變成一個專題結案。

要作議題操作，要首先要思考自己的目的，確定目的以後，要用判斷形勢，一是怎麼吸引目光創造話題性，也就是俗稱的用什麼梗？二是誰會關心這樣的議題，是只有自己的受眾還是可以藉此吸引其他類型的潛在消費者？接下來再利用命題和議題類型來包裝整

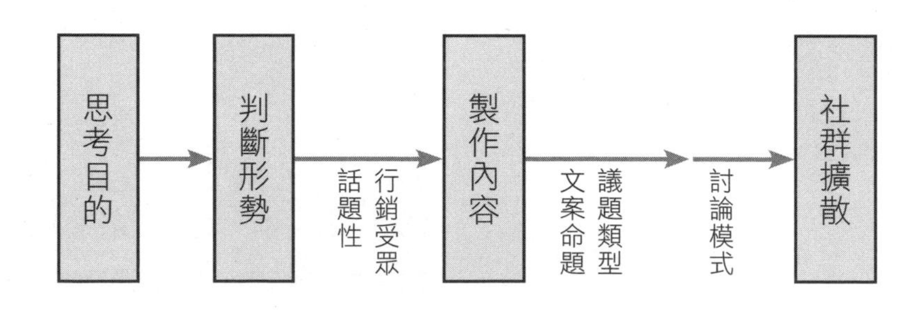

資料來源：楊孟臻設計製作

個內容，替內容著上品牌的色彩形成獨具意義或品牌風格的內容，最後把預期的討論模式加上，再透過社群平台進行擴散。

讓短命題延燒成為一個議題，甚至從議題再延續下去就有機會變成品牌的長期行銷手段，那小火花就能夠漸漸的變成一個戀愛套路，就像 ALS 把挑戰變成「創造一個沒有 ALS 的世界」的宣戰口號一樣，能盡情綻放一次的煙火固然不錯，但藉由短議題的能量幫品牌持續加持才是經營長久之道。

4.5

社群心法：
社群操作與
演化法戰爭

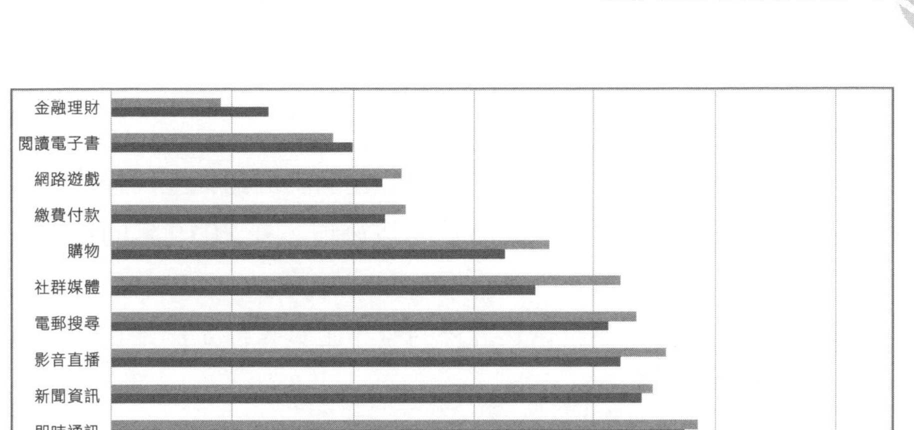

資料來源：財團法人台灣網路資訊中心。台灣網路報告。

網路世界中的社群地位

在人手一機的這個數位時代中，網路已經是我們生活養分的一部分了，從 2019 年財團法人台灣網路資訊中心的台灣網路報告中可以看到，在純手機族上社群媒體、電郵搜尋、影音直播、新聞資訊、即時通訊幾個項目的使用需求都超越八成以上。社群媒體的使用量仍然居於使用需求的前五名之內。這也就是為什麼數位地圖中社群的地位如此之高，這個使用量是我們不可忽視的訊息管道。讓我們必須憑依社群平台來散佈我們的品牌資訊，並藉此拉攏我們的受眾。

社群五階段

根據勤業眾信風險管理諮詢股份有限公司的 CMO 調查報告分析，我們可以發現社群對品牌行銷目標的貢獻度中，品牌認知是佔有大頭的，這也是為什麼在短線晉級術一章節中提到有些品牌甚至

會用粉絲專頁去取代官網的功能，因為在品牌的建構上，社群一樣可以提供很強的布達功能。但我們可以發現，在 2019 年的數據上有一個項目有顯著的成長──「提升顧客服務」。也就是品牌終於不再專注於使用社群平台當作純粹的發布工具，而是開始正視其與消費者接觸的功能應用。

所以說社群工具，最重要的功能是社交工作，而不是廣告作用，也許品牌最重要的是賣出產品、服務，但社群行為更重要的是尋求認同還有建立連結的作用，這也是品牌發展的終極目標。

在不同階段就會有不同的社群工作需要面對，在銷售行為前的受眾分析、廣告訊息設計、議題決定，銷售中的問答服務，銷售後的售後服務、數據分析然後再造議題，都是社群的策略重點。我們甚至可以把社群當作一個微型分公司經營，在銷售行為中社群的每個動作都代表著公司行為，只有全部切合公司方針，才能讓品牌的行像在社群中得到最完美的效用。

首先我們應該優先檢視自己的品牌在社群中的狀態，才有下手的方向，畢竟從零建立跟建立後轉型要採取的策略是完全不同的。社群建立方法一共分為五個階段：品牌推廣、建立口碑、追求評價、動態分析。

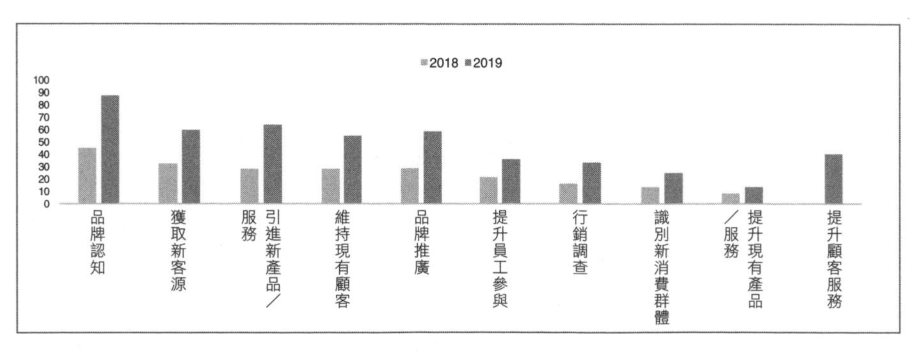

資料來源：勤業眾信風險管理諮詢股份有限公司 CMO 調查報告。

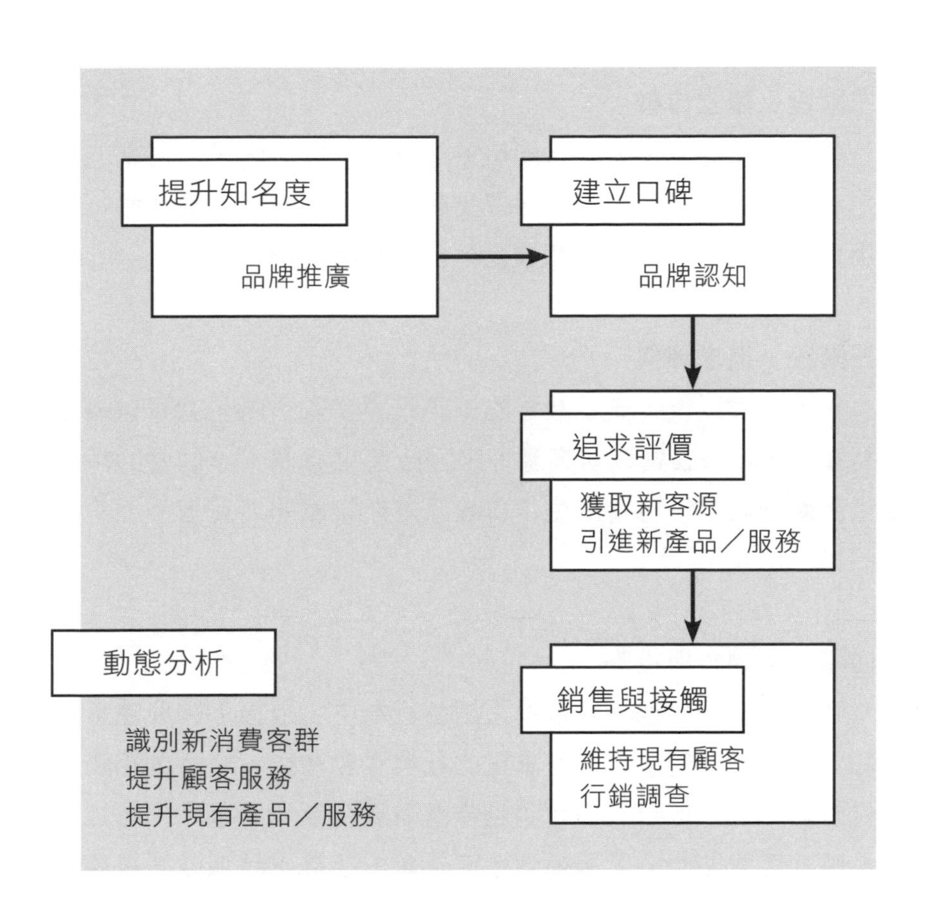

資料來源：楊孟臻設計製作

第一階段：品牌推廣

從零開始應該更注重提升該社群的知名度去進行品牌推廣，製造網路聲量為第一要務，如果連人都沒有，那社群這個空殼子完全沒有用途，而且這些年的網路詐騙層出不窮，大量的人流會讓這個品牌比較具備可信度。這個時候要做的準備工作就是可以先把目標受眾的族群擴大，例如大學生先擴散到全體學生族群，然後選擇擴散度會較大的議題類型。

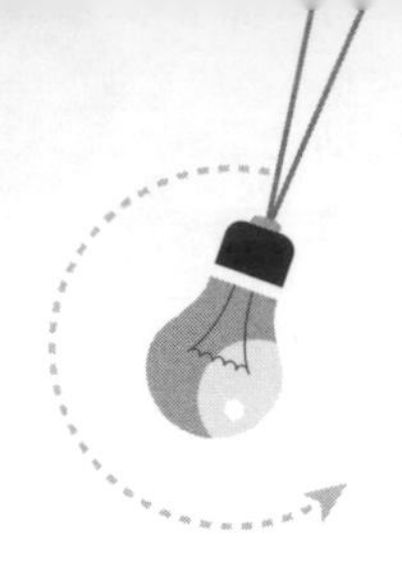

第二階段：建立口碑

有點人氣之後，就應該開始更注重在建立口碑了，主要的訴求就是建立品牌認知。也許是宣傳品牌形象、也許是造勢活動，開始利用這群人藉由社群延伸和擴張自己的品牌是第二要務。

第三階段：追求評價

有了口碑以後，表示社群的操作已經步入正軌，就可以藉由引進新產品 / 服務去獲取新客源，來開始追求評價，一個好的評價會產生品牌忠誠度，也會產生羊群效應讓新接觸的消費者們能夠有個好的第一印象。

第四階段：銷售與接觸

到了這個階段也許可以進入銷售行為中，那接下來要注意的就是和消費者的接觸，也就是真正的社群互動功能，用互動接觸來維持現有的顧客，並且利用行銷調查讓消費行為變簡單、即時性的回饋反映、客氣貼心的客服處理，都是藉由社群工具加強消費體驗的重點。

第五階段：動態分析

最後，進入售後和推廣後的分析階段，這個階段是為了延續消費行為的附加價值，並且讓自己內部可以整合，畢竟社群工具可以提供很多樣化的訊息，包含行銷效益、產品效益、服務效益等，把社群工具的後台當作一個分析工具，去對自己的受眾行為數據進行分析，這些分析可以識別新消費客群、提升顧客服務甚至提升現有產品和服務，應用這些動態的反饋能夠造就更好的品牌。

社群世界的王者

整合財團法人台灣網路資訊中心 2018 年和 2019 年的台灣網路報告根據 2134 名和 3088 名訪問樣本，信心水準 95% 以上的採樣中可以看到：社群媒體中，Facebook 依然佔據台灣使用量的大頭，兩個年度的總數都高達每百人中有 98.5 人的使用量，Instagram 的部分則是將近佔據 4 成的使用人數。這兩年的調查仍看不出來有明顯的偏移趨勢，但可以看的出來 Instagram 的使用年齡仍然偏低，如果按照同儕效應來看，未來還會有上漲的趨勢。在其他的社群媒體上，並沒有比較突出的表現，2018 年列入訪問的 google+ 在 2019 年被剔除，並新增了噗浪、Dcard、PTT 等選項，但總體而言，目前的台灣社群仍是由 Facebook 稱王。

而社群的功能從來不只是投放廣告，而是建立連結。Facebook 的登入介面左上角有著這麼一句話「Facebook，讓你和親朋好友保持聯繫，隨時分享生活中的每一刻。」所以，小編的

年度	社群品牌	總數	性別		年齡											
			男	女	12~14	14~19	20~24	25~29	30~34	35~39	40~44	45~49	50~54	55~59	60~64	65+
108	Facebook	98.5	97.8	99.2	96.1	95.4	94.7	99.3	100	100	99.1	99.5	99	100	100	98.1
109		98.9	99.2	98.6	100	95.7	97.6	97.4	99.6	100	99.4	100	100	99.1	98	100
108	Instagram	38.8	35.2	42.3	53.8	68.6	71	65.6	43	32.5	26.3	23.7	16.1	10.4	7.2	4
109		38.8	35.7	41.9	65.2	72.6	71.9	60.1	47.7	36.5	24	25.6	13.7	16.7	4.7	8.8
108	Twitter	5.1	6.9	3.3	3.7	8.2	8.5	11.7	3.4	7.7	3.3	2.7	1	0.6	0	1
109		5.6	6.9	4.3	0	9.5	10.6	13.1	4.1	5.5	3.5	5.1	1.1	0.9	3.2	3.8
108	微博	4	3.3	4.8	3.2	12.7	6.3	3.4	3.2	3	1.7	2.2	2.3	3.2	2.3	4.9
109		1.4	1.2	1.7	0	0	2.7	1.7	1.2	2	1.4	2.9	0.6	0.8	1.7	0
108	Google+	2.8	3	2.6	1.9	2.9	2.1	5.4	3.1	0.6	4.6	2.2	2.3	1.9	3	4.2
109	當年度未做調查															
108	Linkedin	0.9	1	0.8	0	0.7	0	2.2	0.8	1.2	1.4	1.5	0	1.3	0	0
109		1.2	1.3	1.1	0	1.8	0.6	2	2.4	2.6	0.6	1.2	0	0	0.8	0
108	當年度未做調查															
109	噗浪	1.1	0.8	1.4	0	0	2.1	4.1	1.4	0.5	1.4	0	0	0	2.4	0
108	當年度未做調查															
109	Dcard	1.3	1.5	1.2	0	2	6.7	2.5	1	0.6	0	0	0.6	0	0	0.9
108	當年度未做調查															
109	PTT	1.4	1.7	1.1	0	0.9	2.6	6.7	1	2.7	0	0	0	0	0	0

資料來源：根據財團法人台灣網路資訊中心 2018 年及 2019 年的台灣網路報告。由楊孟臻重新繪製。

工作也不是發布廣告宣稱產品功效而已，而是和消費者與潛在消費者們保持聯繫，聯繫在前，導購在後。根據不同的平台，會有不同的使用及閱讀慣性，也讓這些行銷的著力點會有不同的方式去進行推播。

- **粉絲專頁：**粉專就像布道一樣，以擴散和拉攏為目的的動作，像早期最喜歡主動請消費者用「@Tag」功能標記朋友和分享來做抽獎活動，或者打卡按讚送贈品的活動，主要的目標就是藉由人際網擴散新的客群和拉攏客群之間的同溫層。因應演算法的設計，這樣的聚眾手段已經被推測是會降低觸及排序了，因為對平台來說，這是讓其他使用者「強迫中獎」的手段，所以降低觸擊也就在情理之中了。所以話題性便會變得很重要才能吸引消費者自主擴散，至於話題的製造，可以參考短線晉級術。

- **社團：**社團的作用有兩種，一個是既有店家的會員福利管道，另一個是社群版的網路商店。目前 Facebook 將社團分成六種形式：團隊與專案型社團、自由討論型社團、公告型社團、社交和其他型社團、商品買賣型社團、跨公司社團。其中團隊與專案型社團和跨公司社團兩種屬於品牌端的內部作業用途，而自由討論型社團、社交和其他型社團兩種則較適合社群用戶的交流交際。剩下的兩種來說，公告型社團適合做為品牌福利管道，而商品買賣型社團則是網路商店的功用。
  A. 會員型社團：原本已經在別的平台有客群的店家經營社團最適合當作會員專區使用，攏絡既有會員。它適合更精確

的受眾而不是像粉專一樣亂槍打鳥、廣而告知，因為社團沒有觸及效益，不會出現在別人的板面上，所以向內攏絡變得比向外聚集更有利。

B. 網店型社團：那如果本來沒有在別的平台經營過，社團就可以視為一種網路商店，這幾年的代購、賣牛肉賣到上新聞的丟丟妹都是案例。這種交易以往會有相對的麻煩，可能要私下匯款或外掛支付的程式，但 Facebook 在今年 2019 年 11 月 12 日已經在美國發布 Facebook Pay 功能了，準備跨足四大平台 Facebook、Messenger、Instagram、WhatsApp，可以預期搶攻金融交易鏈後的 Facebook 交易會變得更加容易。

類型	主要功能	主要目標	手段
粉絲專頁	品牌建立	潛在客群	擴散與拉攏
A. 會員型社團	忠實維繫	品牌忠誠者	福利管道
B. 網店型社團	網路商店	主要客群	導購

資料來源：楊孟臻設計製作

臉書演化的反攻——見招拆招

每次提到社群議題，就不得不提起這三個字——演算法，但演算法到底是什麼？它有什麼用？演算法是一種運用大數據做計算的平台機制，用各種條件提升或降低使用者的觀看內容。但在

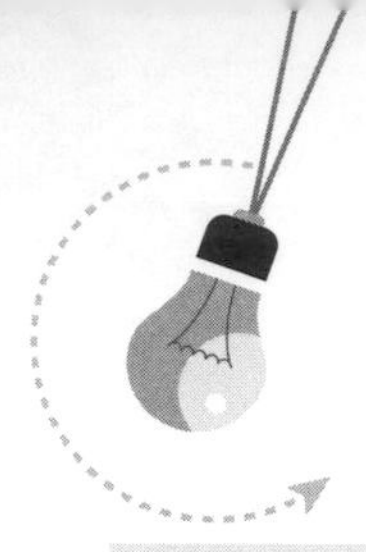

演算法結果			Facebook 新增功能
		2013 年 06 月	#hashtag 功能
用戶未瀏覽到的貼文在下次瀏覽時比重提高 曾互動的貼文比重提高	2013 年 08 月		
		2013 年 09 月	用戶舉報及隱藏廣告功能
迷因圖觸及降低	2013 年 12 月		
家人朋友純文字貼文比重提高	2014 年 01 月		
直接連結式貼文較說明網址比重提高	2014 年 08 月		
		2015 年 07 月	「搶先看」功能
		2015 年 10 月	開放網站搜索功能，可以直接搜尋特定貼文
		2015 年 12 月	Instant Articles 功能
		2016 年 01 月	2 互動細心（大心、哈哈、哇、嗚、怒）
較長閱讀時間的貼文比重提高	2016 年 04 月		
誘騙型貼文（標題黨、釣魚文）觸及降低	2016 年 08 月		
載入太慢的網站觸及降低	2017 年 08 月		
藉由心情反應進行票選的貼文（抽獎文） 觸及降低	2017 年 12 月		
粉專觸及降低 評價高低列入權重	2018 年 01 月		
社團比重提高	2018 年 05 月		
有意義互動貼文比重提高	2018 年 11 月		
		2019 年 05 月	「為什麼我會看到這個？」功能

▲ 演算法年代表

Facebook今年（2019年）公開「為什麼我會看到這則廣告」之前，社群演算法其實是一個行銷人之間的傳說，是用各種血淋淋（白花花）的經驗，推測出來的概念，誰也不能真的確定這些平台是這樣運作他們的演算法的。

不過演算法的邏輯還是可以用一句話來概括形容，就是一個你追我跑的故事。演算法的用意就是平衡整個社群平台的位階排序。配合平台使用者的關注度、互動率去做調整，才不會讓使用者的社群介面只剩下商業訊息，而喪失平台本來的賣點。小編群想要資訊曝光、觸及擴大，只能想辦法拉攏關注、增加互動，而社群端想要整個機制平衡，開始把關注度更低、互動性不是出自使用者本意如抽獎文的訊息往下排列，就形成一個你追我跑的故事了。

根據各種公開資料和演算調查整理，我們可以看到2016年後由於社群功能已經漸趨完善，所以新增的功能越來越少，便開始更著重在調整演算法的運作。這個你追我跑的案例最明顯的就是2016年1月增加的互動細化功能，在小編們聰明的操作下被拿來當作六種選票，利用選票的回覆提升文章的互動率，這樣的操作被相互效仿以後，2017年12月份就被演算法抓住小尾巴，這樣的作法被認定為是欺騙互動率的行為，所以開始屏蔽效益了。

雖然這種變化跟消費者的閱讀習慣有關係，但曾經氾濫的釣魚文、短時間的影片、文字量低的圖文等都是被演算法逼出相對應的生命週期，不論如何，高流量都是要一直不斷進行變化，才能在類型的生命週期完結前，就先和平台的演算法做對抗。

在動態分析上撇除議題設定我們可以針對三個方向進行偵測分析，分別是時間監控、內容型態、廣告設定。

一、時間監控：要對應受眾的慣性使用時間、貼文頻率去做調節，平日、假日、時段、次數都影響。

二、內容型態：雖然說跟議題相掛勾，但是類型也會有所不同，像 2016 年 4 月就提高過較高閱讀時間的貼文，圖文中文字的占比、導流的方式、影音的時間長度、發布型態的差異都有影響。

三、廣告設定：關於精準投放上的設定、投放金額、投放頻率，像有的演化推演就有發現投放結束後的新貼文自然觸及可能會下降至未投放前的貼文自然觸及數字的一半之下。

三個項目藉由後台的洞察報告可以監測出其貼文或廣告的效益，上漲繼續下降轉型就是即時策略要注意的了。

值得注意的是，像 Facebook 後台中的新開啟營利功能中，目前設立了幾個標準。

一、追蹤者高於 1000 人次。

二、過去 60 天內 1 萬 5 次貼文互動。

三、過去 60 天內影片觀看量達 18 萬分鐘。

四、過去 60 天內，3 分鐘以上的影片觀看 1 分鐘以上次數達 3 萬次。

雖然說這樣的營利策略可能是為了增加品牌經營時投放更高的預算藉此達到互動量反哺營利的目的。但經由這些條件設計，我們可以預估到的是，現階段的 Facebook 希望讓社群中增加更多的影音型態貼文，或者是大數據統計影音可以讓受眾的滯留量增加，所以平台的策略就站在推廣影音上了。但這樣的政策是有可能以季更新或是做後續變動的，這樣的變動也是我們在監測後台時可以參照的方向。

另外，因為 Facebook 增加的「為什麼我會看到這則廣告」的功能，在進行加強推廣貼文或任何形式的廣告投放，即時戰略就顯得更加重要了。我們可以偷窺（觀測）競品的受眾樣本，來進行精準設定的調節，做攻擊型態的廣告投放，但是消費者因為也可以經由此功能隨時取消任意類型的關注設定，被屏蔽的機率就可能會增加。

所以說如果希望更高頻率的出現在消費者眼中，每次投放都可以做些微的調整，來規避時刻會被屏蔽的精準設定，才能提高自然觸及機會。一旦發現變動轉變議題以外，我們也可以調整監測方向，聯合互動回應去選擇更好的貼文方向。

正如上文，小編的工作就是藉由小編的圖文影音，還有社群工具手段，揉捏出一個能吸引消費者的品牌推動。然而，在瞬息萬變的社群世界中，還有一群人對於社群操作也是得心應手，。那就是所謂的網紅，這群人非常理解、適應社群世界的規則考驗，透過網紅的加持，時常能讓成效事半功倍。所以，接下來我們將繼續深度討論網紅這個社群行銷狠腳色。

4.6

網紅處方：
吃對是補、
吃錯是毒

新時代的夢幻職業

根據 1111 人力銀行調查指出，有 44.13% 受訪上班族坦言「有意願」成為網紅，其中包括 31.65% 想成為兼職網紅、11.12% 想成為專職網紅以及 1.36% 已經是網紅。至於想成為網紅的原因包含：工作時間彈性（24.41%）、工作自由度高（20.61%）、工作內容有趣（17.63%）、可兼顧正職工作（16.46%）及符合個人興趣（16.37%）。又透過交叉分析發現，20 歲以下的年輕族群，有高達八成三搶當網紅，意願高昂居各年齡層之冠；又隨著年齡增長，渴望成為網紅的意願跟著遞減。

以前人人都有明星夢，但因為明星藝人門檻高，即便有這樣的美夢，也會在現實不得其門而入之下而夢碎。但想成為網紅，只要一支手機就有機會了，當然這是不考慮職業發展的情況。成為網紅其實就跟開公司有異曲同工之妙，能維持下去的公司並不多，而真正能紅的就那幾個。根據經濟部中小企業處創業諮詢服務中心統計，一般民眾創業，一年內就倒閉的機率高達 90%，而存活下來的 10% 中，又有 90% 會在五年內倒閉。也就是說，能撐過前五年的創業家，只有 1%，前五年陣亡率高達 99%，網紅的狀況大概也是如此。

跟著網紅一起做

提到網紅，第一個想到的就該是萬年長青樹蔡阿嘎，台灣第一個破百萬的 YouTuber，2019 年度百大網紅第二（但第一名是其兒子），2019 年廠商業配最愛調查第二。其實蔡阿嘎能夠有今天的地位，不單單是因為建立起專屬於自己的風格，更多的是來自於創作上的努力：

一、不妥協的創作：沒有一點含糊，就是要把腳本做到最好，並把握住現代社會資訊量過大，大家耐性較低的時間戰。每一個作品都富含蔡阿嘎式的幽默手法，充分在每一支作品中表達個人風格與形象建立。
蔡阿嘎：「一段腳本，三句話還不好笑就重錄，二十秒還沒有笑點就重來，堅持打造出能夠時刻吸引目光的影片。」

二、不斷創造新議題，不斷修正創作，不只是跟上時事，風格、時間、內容都是根據回饋和數據分析進行有效調整。藉由新創作，去吸引新的客群，或者符合受眾傾向的議題，讓受眾主動擴散藉以連結新的潛在客群。
蔡阿嘎：「一支影片的表現，有很多因素影響，只能一個變項、一個變項去調整。」

三、隨時自省並親力親為，注重受眾互動和回饋，拉攏受眾完善運用社群交際功能。借用這種粉絲互動的手法，不僅能即時接納受眾的正、負評價，去理解當時的受眾導向，也能作為「親切」的品牌特性，來攏絡受眾的忠誠。
蔡阿嘎「每天都會花時間閱讀動輒兩百、三百則的留言，一一按讚。」

四、跟著受眾長大，蔡阿嘎總結出以長期跟著自己的主要粉絲為主，守住忠實客群，讓其粉絲的基數流失度低，增長才有效果。從單身到結婚生子，蔡阿嘎的受眾年齡也跟著自己增長，雖然會回頭去撿年輕層次的受眾，但在創作時，靠監測主要受眾的屬性來定奪自己的創作導向，便是跟隨受眾成長了。

（取自商業週刊《蔡阿嘎長紅十年秘訣：我其實就是個乖寶寶》與 Cheers《再「嘎」50 年！蔡阿嘎骨灰級 YouTuber 之路》）

以上一章社群五階段一節中提到的社群建立方法來做對比的話，我們可以看到：

- 建立口碑：品牌操作時利用品牌認知來建立口碑，而網紅就是做不妥協的創作樹立自身的形象。兩者都是藉由貫穿品牌一致性的方式，讓受眾對品牌有所認知。
- 追求評價：品牌倚賴開發新客源、引進新產品、服務來追求評價，而網紅就是不斷的創造新議題來吸引新受眾。兩者都是藉由不斷向外延伸、拓展來追求評價。
- 銷售與接觸客戶：品牌靠維持現有顧客和做行銷調查來銷售與接觸客戶，而網紅是時刻自省並親力親為來接觸受眾。兩者都是藉由與受眾的雙向關係，來維繫品牌與顧客之間的關係。
- 動態分析：在動態分析上品牌經由回饋來識別新客群、提升顧客服務、提升現有產品及服務，而網紅則是跟著受眾長大，利

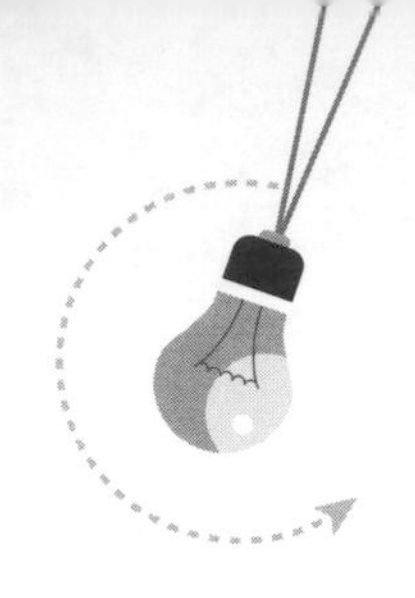

用互動結果與各項監測來規畫未來藍圖。兩者都是時刻準備好調整品牌的狀態，來滿足也會時刻變化的消費心理。

所以說，網紅的經營真的跟社群經營極其相似，保持品牌一致、堅持內容口碑、追求議題操作、維持客群互動等。既然如此之像，網紅是不是正好為品牌發展的好盟友？

目標	品牌操作	網紅手法
提升知名度	推廣	
建立口碑	建立消費者品牌認知	不妥協的創作
追求評價	開發新客源、產品、服務	創造新議題
銷售與接觸客戶	維持現有客戶、行銷調查	時刻自省並親力親為
動態分析	回饋識別、提升產品、服務	跟著受眾長大

資料來源：楊孟臻設計製作

跨界合作——網紅業配指南

每個網紅都是獨立品牌，與其當作廣告工具，更應該視為跨界合作。在強調品牌個性上，網紅們做的只是選擇更接近社會大眾的模板而已。就好像小 S 的框架是口語犀利，網紅的形象只是更加生活化，或者更加草根，但並不是説沒有邊界，你不可能看到霸氣外露的館長用臉蹭著 Kitty 説好可愛，也不會看到歡跳愉悦的蔡阿嘎面無表情的對螢幕説話。他們比較沒有一些傳統的包袱，但不論怎麼更變議題，他們始終操持著品牌一致性的底線，因為他們跟傳統藝人一樣清楚，他們的受眾就是喜歡他們這個模樣。所以在選擇合作的網紅上，找尋和自身品牌調性一致的網紅，無非對品牌是一種加持。

有些網紅崛起於 Facebook，也有些網紅崛起於 YouTube，當然大部分的網紅最終的發展都是多方策略，不過崛起平台的受眾屬性也會有所不同，這會變成網紅後續策略的一個方向。但更重要的是，網紅對於自身的行為表率、喜好、受眾特性，可以配合的產品或服務也會有所選擇，和一些網紅合作甚至會有畫面禁止修改或腳本通過後禁止修改的條件。所以和網紅合作，從來不是一個單向的操作，而是雙向互利的過程。

網紅把自己當品牌經營，甚至比有些品牌經營的更有聲有色，他們有自己的品牌風格跟操作方式，如果只是把人家傳統廣告工具，以自己想要的腳本要求人家做露出，那最終可能得到雙輸的局面，就是花更多的錢，然後做出一個沒有人愛看的廣告。想要蹭別人的頻道熱度，就應該要遵守其頻道的規則，才能得到真正的雙贏。

網紅和企業的關係，最常見的業配合作，第一個都會想到跟 YouTuber 合作。這邊根據理科太太，一個 2018 年高速崛起，迅速破百萬的知識型網紅 YouTuber 作出一個業配影片點閱量表，其中有兩成沒有超過 20 萬點閱，甚至這兩成中有一成沒有超過 10 萬點閱。根據各大論壇討論此網紅的結語是「完全不能怪別人，業配文真的卡太兇」、「業配做的不有趣，後來就退訂不看了」。其實就觀察分析來說，有些低流量的業配，具有幾個不可忽視的問題。

一、是喪失知識型的知識科普推廣，使用生活型內容作為媒介。
二、是過度強調產品功能，如同複讀產品說明書上的字樣，解說產品資訊（雖然這個可能跟此網紅本身的類型相關，但是應該可以考慮轉換用詞來解套）。
三、是競品過多，像筆電的業配就達 3 台不同型號、不同品牌之多，完全沒有主見的散布消費資訊。

這三項全部加總，使得受眾感官不佳，有種只是為賺錢而業配的感覺，這樣的話品牌推廣效益就無法產生，不僅是因為流量問

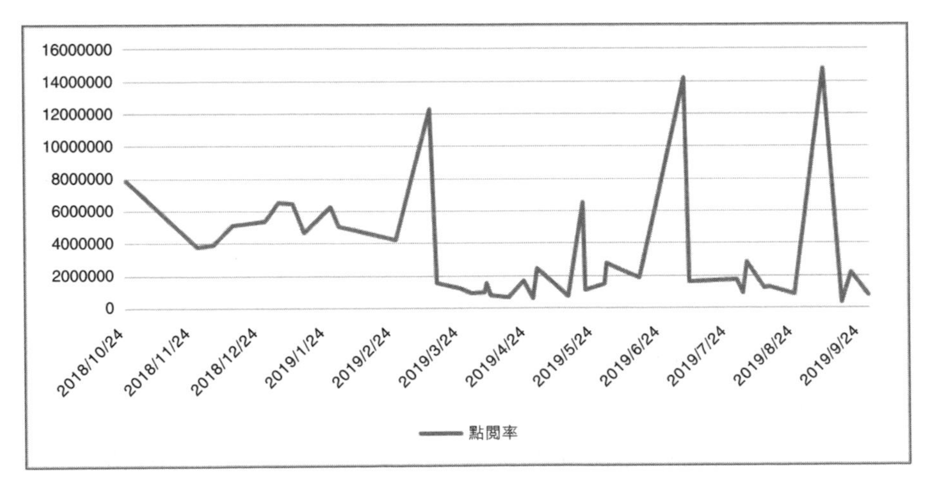

資料來源：理科太太頻道截至 2019 年 12 月底止業配影片觀看量數據統計。
楊孟臻統計製作。

題，還包含感官問題，可能最終會成為無效行銷。

並不是一個「這個網紅粉絲好多」，然後預算上沒有問題，就可以直接選擇網紅業配的，不然出現高粉絲低觀看的窘境，最終行銷預算打水漂不說，最壞的情況就是品牌沒宣傳到，反而還因為業配得到負成長。

要與網紅合作，在人選的選擇上，我們有三個方向可以考量：

一、挑選網紅類型，選擇和自己品牌調性相合的網紅。

二、確定網紅和受眾的關係，根據不同的網紅經營方式去定調不同的業配 / 合作。

三、人數策略，因應決定是把總預算全部壓在高流量的網紅身上，或是多方鋪展。

確定好人選後，進行內容溝通和操作策略，合作譜出一個雙贏的業配 / 代言資訊，讓網紅的聲量真正成為品牌的助力。

網紅類型選擇

如果我們把品牌的短線晉級視為一場戀愛，是不是可以說選擇網紅是在選擇戀愛對象呢？網紅的品牌個性琳瑯滿目，像是以情侶互整出名的眾量級 CROWD 就是搞怪俏皮；解析酸民留言出名的黃大謙是犀利潑辣；開箱小倉鼠出名的安啾則是可愛賣萌。每個人的擇偶喜好不同，有些人喜歡和自己同一風格的對象，這種選擇對於品牌個性就會是一種加成，也有些人喜歡和自己截然不同的對象交往，那品牌就可以藉機碰撞出一個新的火花。

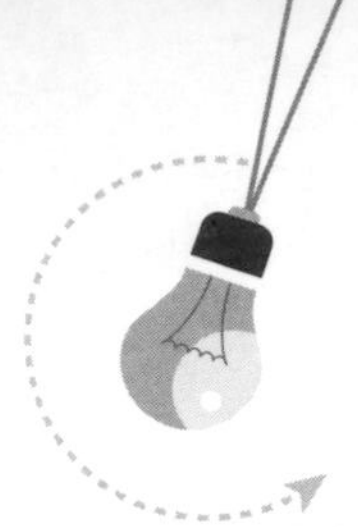

資料來源：《數位時代》影響力之戰！台灣 100 大網紅人氣票選
https://event.bnext.com.tw/KOL/

網紅不是只有 YouTuber 或 Po 美圖的網美而已，2019 年數位時代做了一場百大網紅人氣評選，將類型分為生活類、遊戲類、知識類、親子類、圖文類、寵物類、美食類、彩妝類、音樂類、穿搭類幾種，其中生活類佔據大宗，共有 41 名上榜，但其實這個生活類的類別有點大，像是蔡阿嘎是用本身的風趣幽默做基調來拍攝生活上的議題，而眾量級 CROWD 是以惡整對方的情侶生活為主，黃氏兄弟則是除了生活議題外將遊戲體驗、開箱另闢分流頻道。所以說生活類可能因為其輕鬆有趣的關係，才特別容易上榜。其中特別值得注意的是，「圖文類」甚至不是人，而是繪師筆下的角色，這個年頭的網紅定義只有最廣沒有更廣。

也就是說，品牌在挑選合作的網紅時，可以考慮的方向也變得更廣闊了。同類型的產業當然可以直接進行媒合，例如兒童類、孕婦類，都可以直接選擇親子類型的網紅，遊戲類、寵物類、美食類也都是可以直觀性的媒合。而一些比較沒有直屬對象的產業，就可以以品牌調性相合的生活類中尋找目標，像是交友軟體、電信業者、政治人物等都是常見的合作對象。不過圖文類也是一個不可忽視的選項，因為圖文有一個很強大的優勢，就是「沒有極限」，假設一樣是「給你一對翅膀」的表現形式，一般真人（寵物）網紅能做到的形式，跟圖文類就會有截然不同的結果。

有趣的是數位時代在投票活動 1 個月後公告的百大網紅排名，並不是用投票結果呈現的，像是第 2 名的這群人 TGOP 在人氣評選中僅僅得到了第 16 的名次，卻在百大網紅排名中佔據亞軍的位置。可以看的出來這群人 TGOP 是靠著粉絲數強勢上位的，互動得分 0.08 的分數在百大的表單中幾乎是在後段班的位置。但榜單

名次	名稱	總分	粉絲數得分（占40%）	互動數得分（占60%）	分類
1	蔡阿嘎	0.70606	0.91	0.57	生活
2	這群人 TGOP	0.45025	1	0.08	搞笑
3	館長	0.41188	0.43	0.4	生活
4	王宏哲教養、育兒寶典	0.41136	0.22	0.54	親子
5	那對夫妻	0.4051	0.65	0.24	親子
6	Duncan 當肯	0.40407	0.79	0.15	插畫
7	黃阿瑪的後宮生活	0.39071	0.6	0.25	寵物
8	阿滴英文	0.37469	0.72	0.15	教育
9	486先生	0.37453	0.15	0.53	開箱
10	眾量級CROWD	0.35624	0.66	0.16	生活

資料來源：《數位時代》從庶民到總統都瘋狂！ 2019 台灣 100 大影響力網紅調查出爐 https://www.bnext.com.tw/article/55281/top-100-internet-celebrity

中去除這群人 TGOP 後的前三名，蔡阿嘎、王宏哲教養、育兒寶典、館長三位在互動分數上則是為列榜單的前五名。

這群人 TGOP 在網紅世界中恐怕是一種異類，因為他們的創作比較偏向使觀看者產生共鳴為主，而非以產生互動為主訴求，所以對合作的品牌來說，只能藉其影響力達到提升品牌知名度的目的，比較沒有辦法藉機拉近和受眾關係的目的。但是，如果選擇與網紅合作的目的是利用互動關係來推動營收，其實在這些知名 / 百萬級網紅之外，我們還有一個類別可以進行選擇，那就是「微網紅」。

根據今周刊《微網紅冒尖》定義，微網紅指的是「粉絲數界於 1 至 10 萬人，知名度相對較低，一般人可能叫不出名字的網紅們」，微網紅成為另外一個路線的主要原因，就在於和粉絲之間的互動非常頻繁，比起品牌宣傳者，更像是團購的團主或俗稱的版媽，能夠產生更高的行銷轉換率，讓業配的 KPI 能夠很直白的呈現在銷售額上。

所以說，在選擇合作的網紅時，可以參考的依據有：

一、網紅的品牌個性。

二、網紅的經營類別。

三、網紅的粉絲數量。

四、網紅與粉絲的互動度。

前兩項影響品牌在受眾眼中的定位和風格，後兩項則能帶來宣傳效益甚至獲取品牌認同的轉移。

經營方式決定受眾關係

先勢行銷傳播集團與東方線上消費者研究集團於 2019 年 11 月 8 日，共同發佈第三類媒體年度報告，東方線上消費者研究集團調查的 YouTuber 年度報告當中依據知曉度及關心度，針對了百大 YouTubers 分為五種類型：眾所皆知型、人氣黏著型、死忠注目型、後勢看漲型、特定領域利基型。

- **眾所皆知型**：多數人都知道，但在其他媒體曝光對粉絲的吸引度偏低；其代表人物有蔡阿嘎、館長成吉思汗、理科太太、聖結石及那對夫妻等。
  眾所皆知型的網紅可能主要平台都建立在 YouTube 上，其他平台的吸引度偏低，但對 YouTuber 而言，外部平台本來就是用來提升知名度的，所以在經營上更側重主要收益來源的 YouTube 也是無可厚非的。跟這一類的網紅合作，平台屬性會比較單一，能合作的類型可能也必須以影音形式出現是以曝光度為主訴求的品牌會比較合適。
- **人氣黏著型**：具備高知名度，且粉絲也會關注其他類型媒體曝光的相關新聞；其代表人物有木曜 4 超玩、上班不要看、卡提諾狂新聞、阿滴英文及這群人等。
  人氣黏著和死忠注目型兩種類型的跨平台操作較健全，每個平台上的經營都有成效，差異化則在網紅經營的類型，人氣黏著的通常類型比較廣泛、生活，以議題導向為主，比較不注重在個人塑造上，利用各平台輻射影響力，可以更大的擴張知名度，但因為類型比較廣泛，可能對識別度的提升也稍嫌不足。

所以需要品牌形象已經很鮮明，但想要多方鋪展的品牌會比較適合採用。

- **死忠注目型**：具備一定的知名度，但粉絲高度偏好其個人風格，在任何其他媒體的眼光都會認真跟隨；其代表人物有HowFun、Joeman、台客劇場、臺灣吧、鍾明軒及黃大謙等。
  死忠注目的話則是個人風格更強，利用網紅本身的形象來主導議題，個性傾向鮮明，受眾的屬性會比較具體。這類型的網紅對於業配的要求通常就會比較傾向自己的需求，但是品牌合作的話對於品牌個性的建立倒是很適合，決定和什麼樣的人談什戀愛，能夠增加品牌對於受眾的身分認同。
- **後勢看漲型**：知名度雖稍弱，但已有10%以上的知名度，爆發力可待；其代表人物有古娃娃、白癡公主、反骨男孩、黑男、黃氏兄弟、展榮展瑞、在不瘋狂就等死及三原 Japan 等。
  後勢看漲型原則上就是 YouTube 中的微網紅，由於知名度相對低，可能相對來説會預算上會比較安全，除了上述跟受中間的互動頻繁外，在業配上的配合度也會較知名度高的類型上來的高。對於預算較低、需求較具體或者複雜的品牌來説，這類型的網紅會是一個比較好的選項。
- **特定領域利基型**：依其經營領域擁有小群市場，粉絲黏著度高，跳脱領域的影響力不高；其代表人物有黃小米、Gina Hello、百變沛莉、魚乾、蔡佩軒、眾量級Crowd、超粒方、阿倫頻道、皮老及加點吉拿棒等。

類型	特性	適合品牌類型
眾所皆知型	高知名度	曝光訴求
人氣黏著型	議題導向	形象鮮明想多方發展
死忠注目型	形象鮮明	風格建立
後勢看漲型	發展空間	低預算、高要求
特定領域利基型	領域統治	特定類型相關產業

資料來源：楊孟臻設計製作

人數與戰略

除了選定網紅的類型選擇外，還有一個問題，就是人數策略了。和網紅的結合當然是希望促進品牌的推廣，你可以把網紅視為伴侶，彼此借力孤注一擲，也可以當成紅娘，與不同的網紅牽線，橫切不同面向。

2014 年爆紅的 yes buy it 的藍芽麥克風就是經典的多人策略案例，yes buy it 放射狀的邀約跨足戲劇圈的藝人、主持人、美妝穿搭的網美、搞怪風網紅在 Facebook 上做業配露出。簡單的產品內容、大量的曝光，再加上不同領域的人選交叉作用，洗腦操作造就 2000 萬的營業額，這樣的行銷不可謂不成功。

2015 年橙姑娘行銷會說話的梅精，更是青出於藍，同樣是找很多不同的網紅、網美、二、三線藝人，但是在議題的帶動上再加上本身的品牌故事與品牌理念，平台也更多的擴及痞客幫 Pixnet

與 YouTube，夾雜網紅擅長的故事創作，讓品牌本身跟消費者的溝通更加圓滿，甚至最終團隊人員也開始兼職網紅在溝通品牌之餘也找到另一條獲利道路。

但是，如此複雜的網紅布局，該如何操作調動呢？以下提出三種策略模式：

- 戰神策略：依靠單個超高人氣、風格鮮明、受眾黏著度高的網紅，讓受眾把對戰神的崇拜轉移到品牌上。
- 大將策略：找幾個風格調性各有不同、受眾關係和品牌對等的網紅，藉更全面的品牌認知。
- 小兵策略：找一群平平凡凡、配合度與互動度較高的網紅，越是和受眾有相似度的對象越能讓人得到代入感和共鳴。

失敗案例與應對正解

本節提供三個案例，分別敘述其中選擇網紅發生的問題，與相應的應對方式，三個問題分別為不敬業、類型錯誤、潑辣風格；應對方式則為產品溝通、因人施政與事後審查。

・不敬業與產品溝通

2015 年陳泱瑾與 PURE REN 拭菌布一案，爭議點在於使用心得上沿用官網敘述，對於網友提問也無法回答，讓消費者認定這是為了賺錢而生產的心得文，而非真正的使用感想，因而產生感覺被欺騙的爭議。最終陳泱瑾甚至與廠商互槓，廠商稱其態度不佳、不認真、不敬業；陳泱瑾則回擊有下廣告為廠商增加曝光，今後要慎選產品與廠商。

其實在本案發生前，陳泱瑾就已經出現過多起爭議案件，部分甚至也是心得文案的問題，廠商仍然選擇與其合作，可能是出於投機心理，相信相同的問題不會發生在自己身上。

不過與其指責網紅不敬業，品牌端應該也要自我檢討，高流量的網紅接的業配量大，面對產品時，使用量不足或使用時間長度不夠，確實無法生成一個具有主觀意識的使用心得來和消費者進行溝通。但會不會在業配之前，廠商也並沒有跟網紅詳盡的解釋除了官方說法外的產品優勢呢？如果說在前期溝通的時候，把網紅也定義為消費者作產品介紹，讓其真正認同產品，並能將之轉化成自己的心得感想，也許這樣的問題就不會存在了。

雖然碰到不敬業的合作對象，導致行銷案的失利，是一種選擇錯誤，但從人性觀點上，我們本來就不能認為網紅應該要敬業，敬業和真誠是一種素養，卻不應該視同適業配上本來就應該具有的要素，反過來說，如果沒有做好產品溝通就將文案內容全權交付給網紅，這其實也是對自己產品的不負責任，也是不敬業。反之，也許做好產品溝通，不對的人選也有可能變成正確的人選。

・類型錯誤與因人施政

2019 年 Joeman 與飛利浦氣炸鍋一案，爭議點在於 Joeman 的影片以不當方式將競品飛樂公司氣炸鍋進行產品對照，由於使用方式的不對，被競品公司指出是被用抹黑手法進行比較，並指責飛利浦公司身為大品牌手段也不高尚。最終不僅 Joeman 刊登道歉文，飛利浦公司也只能以「經好心網友再度實測，這樣的操作方式並未出現問題」的方式解釋，而競品飛樂公司則是趁機推出促銷方案。

首先，道歉文上 Joeman 表示：「只能說我真的是料理白癡，對產品也不夠熟悉，在此跟各位致歉，我下次要做料理相關的影片或開箱會更加小心！」，但其實 Joeman 本身就是電競和 3C 實測出身的，雖然氣炸鍋是簡易烹飪用品，卻不能保證人人都會操作或有烹飪習慣，選擇一個本來就不是做料理項目的網紅來操作，就會出現這樣的風險。

這個案例跟上述的不敬業或品牌產品溝通問題可能也有關係，但是這個選擇最一開始的根本問題在於類型的選擇上，不是說這樣的選擇不當，而是這樣的選擇衍伸出來的合作方案是不正確的。要選擇一個不是做料理的網紅當然沒問題，這也表示產品本身的易用與方便性，但是確保網紅正確使用就是品牌的責任了，因人施政才是正確的展開方式。

・潑辣風格與事後審查

2019 在不瘋狂就等死——游否希與澎湖喜來登一案，由於游否希在影片中的一句「泳池派對，澎湖的喜來登，邀請我們來這邊，要不是他花了 60 萬，我根本就不屑來咧」而造成的軒然大波，網友群起憤慨認為游否希不應該收了錢還這麼心不甘情不願，大可不要來，甚至認為游否希在貶低澎湖人。最終澎湖喜來登則向《自由時報》表示，僅提供場地外借，並未贊助食宿費用，已聯絡拍攝團隊，要求給澎湖一個交代，事後游否希表示由於是即興發揮，為了節目效果才會一時失言。

其實如果沒有利益，網紅也不會將飯店名稱露出，即便是利益交換僅提供場地為提供費用，也就是屬於合作的一種，那對於風格潑辣犀利的合作對象，最終產品就應該要謹慎面對，或者一開始就可以挑選言論風格比較溫和的對象做邀請。但既然選擇潑辣型的網紅，就應該把持住內容的言論底線，避免激起論戰，最後導致戰火延燒到自己。

而這個案件來說，也只能說最終澎湖喜來登的危機處理很好，把群怒的方向引導到過錯方，但這也就是沒有跟 Joeman 一案一樣沒有競品藉機上位的差別，如果當時有其他競品跳出來藉機踩澎湖喜來登一腳的話，也許輿論風向就會完全不同，所以最好的方式還是慎選風格或事後審查來規避風險了。

所以說，跟網紅合作，吃對是補，吃錯是毒，跟誰、怎麼做是我們需要面面俱到的去考量的，選擇一個好的對象並因人施政才能在這個處方上得到補給甚至強健，選擇錯的對象使用錯的方法的話，是藥三分毒，可能造成的結果，就不言而喻了。

沉浸
即是王道：
新科技與未來

沉浸四要素——從虛擬到真實的道路

沉浸：指浸泡在水中。後比喻處在某種境界中。

在資訊量爆炸的數位時代裡，每個品牌都在竭盡所能的讓受眾經由更多路徑接觸，數位廣告工具一路從越來越擾民到被 Google Ads 收拾，顯然「廣度」這條路不說窮途末路，也是處處受阻，那只好把目光放在「深度」這條路上了，該怎麼跨越螢幕和受眾之間成為一個課題，而沉浸就是這條路上第一個解答。利用沉浸讓人們更深入感受品牌的能量，把五感的接觸更深植入受眾的內心，有所想像才能有所理解；有所理解才能有所認同。

自從 2016 年虛擬實境 virtual reality——VR 問世以來，沉浸這個字眼便鋪天蓋地的出現在世人眼中。但是 VR 受限於硬體設備，現階段來說家用設備也還是在 3D 維度中運作，不過相比螢幕而言，已經能讓使用者更深度的進入軟體環境之中，在視、聽覺上把虛擬轉換成真實的轉化比也越來越高，令使用者在遊戲體驗上也能得到更高程度的享受。在 VR 遊戲圈中，有一個說法：「如果沒有玩過 18 禁遊戲和恐怖遊戲，不要說你玩過 VR。」為什麼會強調這兩種類型的遊戲呢？其實就是因為這兩種遊戲需要的情境感更強，畢竟情慾和恐怖都需要所謂的「氛圍」，設想一下 VR 和 A 片、恐怖片的差別，當你在一個慾望高漲的情緒下，看到螢幕旁邊前任的照片；當你在一個空無一人的教室中走動時，看到手機下沒有完工的報告，當下所謂的「出戲感」是不是就會影響使用體驗？ VR 提供了一個 360 度的視覺感受和包覆性的音效回饋，就能有效規避螢幕外的因素，讓使用者高度抽離現實環境、高度射入虛擬環境之中。

但其實沉浸兩個字，也並不是 VR 的專利，更早以前就在劇場世界中出現過了。它是任何虛擬遊戲開發的追求，也是眾多體驗行銷的訴求，甚至，它是大部分行銷方案的追求。廣義來說其實沉浸講究的是一種代入感，經由將人的想像具象化的手段，給予一種彷彿身歷其境的經驗。

並不是只有完全投身於場景內才能造成沉浸，造成沉浸的要素有很多，像是 VR 的虛擬場景，或是在現實世界製造人造場景都是在深化這些要素的層次，而其他滿足我們想像力的條件還要更多，不僅僅這種空間視覺上的操作而已。從參與到沉浸的過程中，我們可以用互動作為輔助，在依靠真實突破虛擬，然後創造感覺來滿足整個沉浸體驗。

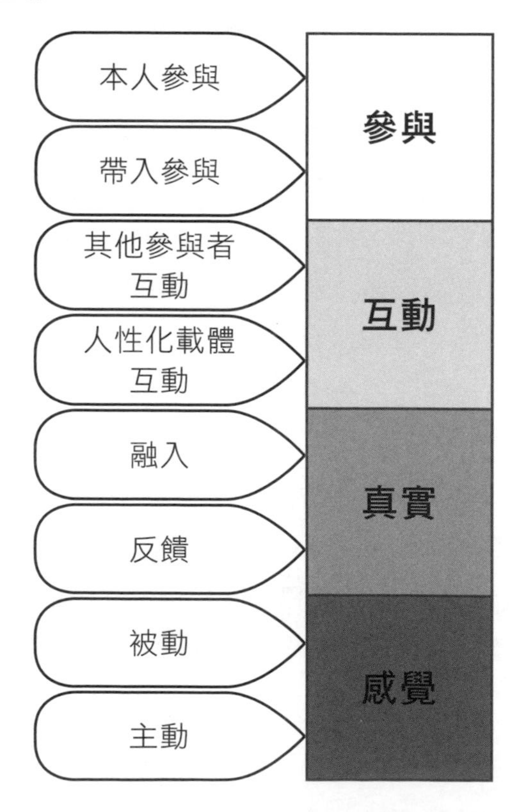

資料來源：
楊孟臻設計製作

階段一、

參與：這個參與的重點在於怎麼參與，可以將參與分為兩個角度去思考，一是本人參與，二是代入參與。

本人參與：身分上沒有任何條件設定的進入體驗之中。

代入參與：以其他身分或者帶有任務的參與體驗，例如玩虛擬遊戲或密室逃脫。

階段二、

互動：互動部分依照接觸對象可以分為兩種，一種是設計方人性化的載體，另一種則是真實世界中的其他參與者。

人性化載體互動：與虛擬遊戲中的非玩家角色或實體中的非玩家角色之間的互動。其他參與者互動：與其他參與者透過體驗中的合作如合力通關、完成某些目標，或連結認識 / 不認識的人，藉由體驗拉近關係，把生活圈納進體驗中。

階段三、

真實：這裡的真實不是說「現實」，一旦進入體驗，基本上一定會有超現實的處境，例如飛行、技能、異世界背景等等。所謂的真實，應該說是滿足想像的條件，讓這些條件設定不超出大多數人生活背景和知識範圍的理解，那大腦就能幫助參與者「體驗飛行感受」這個行為變成「我正在飛行」。真實的要素我們可以分成融入和反饋。

融入：融入的部分包含所有的環境要素，包含精細的美術、場景、符合背景的音效、音樂、帶有邏輯的劇情、編排等等能夠給予玩家想像的空間要素。

反饋：反饋則是和操作行為作掛勾，由硬體或環境給予參與者視、聽、觸覺的操作回應，是虛實交替的樞紐，像是虛擬遊戲中腳步聲的方向性、攻擊動作手把（或任何手持設備）的觸感或射擊位置的控制等。

階段四、

感覺：感覺這兩個字眼可能很籠統，不過基本上就是體驗中所帶來感受的總稱。感覺的要素我們可以分成被動和主動兩方面。

被動：由體驗設計本身帶給參與者的感覺，包含與其他體驗的差異化、設計美感、體驗節奏等等感觀性的條件，它是真實反饋給參與者的主要感受。

主動：使用者從中獲得的感覺，大部分的體驗都是為了讓參與者獲得一種成就感或滿足感，成就感可以是達到目標、破關、滿足收集欲、養成等等，在過程中得到的樂趣與滿足感和結束後得到的成就感都是一個很重要的感覺，直接影響使用者的接續性。

像是迪士尼樂園玩樂的體驗，就可以認為是一種沉浸，迪士尼光是在場地上的設計就已經帶給消費者很強烈的真實感了，像是園區路線設定、園區藉由植被包覆組隔外圍視野、為了避免出現迪士尼世界不應該出現的進貨車輛開發的地下路境等，在員工教育訓練裡，不僅包含各角色在遊行外不能串場不屬於角色的場景、讓每個角色可以用角色視角回答任何問題，甚至包含清潔人員的問答都充滿「迪士尼風」，把在撿垃圾的行為訴說成「我在撿掉在地上的夢想」。透過這些屬於包裝過後的真實和人性化載體間的互動，把消費者的參與感覺從「我去迪士尼樂園玩了一趟」變成「我去了一趟迪士尼世界」。

一個企劃帶動一個市的觀光

LoveLive! School idol project，這是一個由日本的動畫公司日昇動畫、唱片公司 Lantis、雜誌公司《電擊 G's magazine》跨領域合作的企劃。光看企劃名稱，可能大家會以為這是一個在各大校園進行偶像選拔的活動吧？但實際上，這個企劃是締造了一團虛實混和的偶像，說虛擬偶像可能大家會想到像未來初音這樣虛擬歌手的概念，但這兩者完全不一樣，LoveLive! 是有「實體」的。由虛擬作品的聲優化身對應的角色，出現在世人的面前，他們既是聲優，亦是那些偶像的「真人版」。

因為是三方合作的關係，三個公司便各司其職，雜誌公司把角色背景和一些設定在雜誌上露出，唱片公司發行唱片，動畫公司則製成動畫，再轉手製成遊戲。這個企劃就跟日本平常創造偶像的手法一樣，參與電台播出、真人演唱會、組合名稱募集、分隊編制投票和歌曲中心成員選舉等多項活動各管齊下，讓消費者直接參與這些虛擬角色的偶像化過程。藉由 LoveLive! 的影響力，2015 年位於動漫聖地秋葉原旁的神田明神和 LoveLive! 在神社 400 周年的大祭典神田祭時宣布合作，並且由動漫中在神社打工的東條希擔任二次元代表人物，讓虛擬直接跨足現實。

這個企劃的強盛甚至延續到第二代 LoveLive! Sunshine!。二代的 LoveLive! Sunshine! 更是青出於藍，直接讓靜岡縣沼津市納入都市觀光發展重點，在不管是各類交通上或街道上都能置

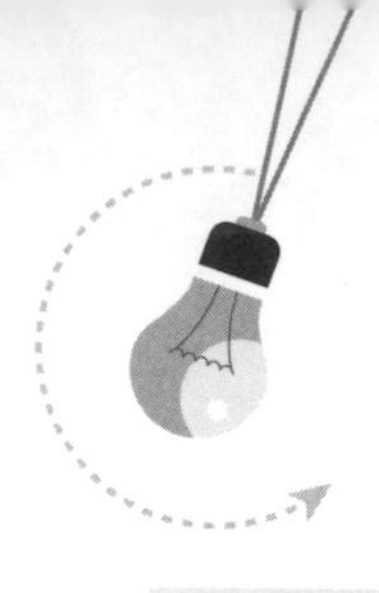

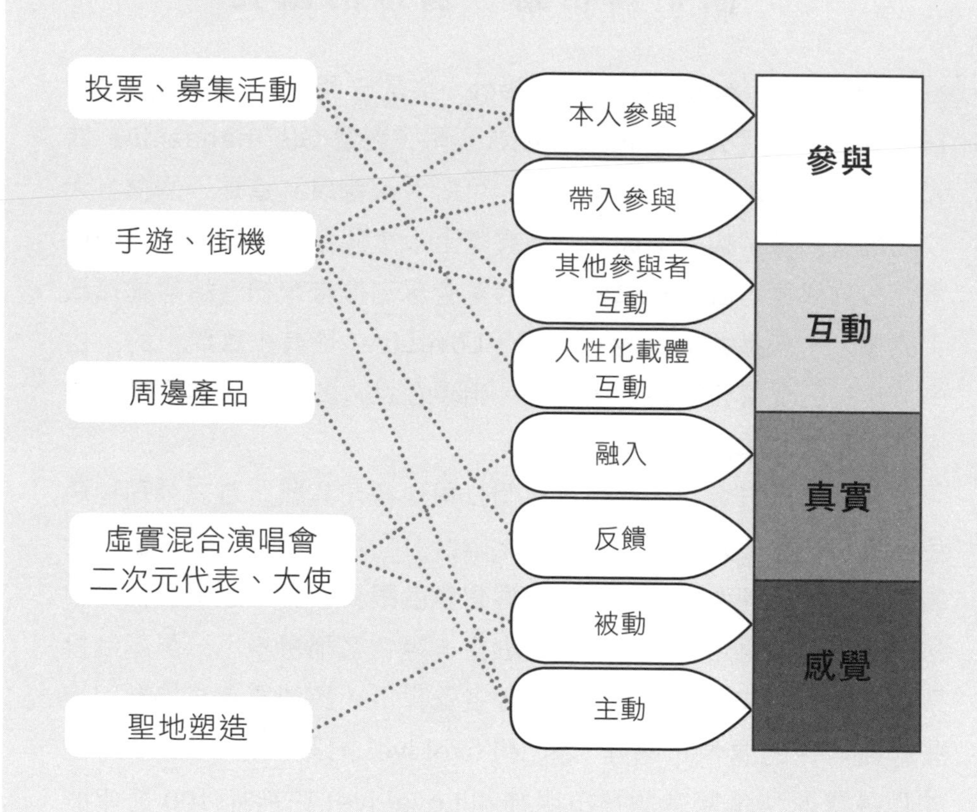

資料來源：楊孟臻設計製作

入，讓人隨時接觸並感受這裡真的是 LoveLive! Sunshine! 的「聖地」。甚至沼津市政府的產業振興部觀光戰略課直接任命二代的團隊 Aqours 為其大使，並在官網上放上一個專屬的板塊。

就數位操作來說，LoveLive! 社群應用以日本慣用的 Twitter 有 99 萬人次的追蹤，每則貼文的按讚和轉發量都很亮眼。而官網的介面優化和 SEO 也都做的很完善，但廣告工具應用似乎並不是特別強力，至少在台灣比較看不到相關的消息。以沉浸四要素來說，各方面的鋪陳倒是面面俱到。

這些 LoveLive! 的產業合作和行銷手腕都是一種讓人沉浸的具現，現實的部分透過讓消費者參與票選、募集活動親手推動參與偶像的規劃，並透過受眾們間互動的合作（拉票行為）讓參與的過程更加融入現實生活，也各種發行的周邊產品利用感覺的主動。虛擬的部分不僅依靠動漫作品吸引受眾，更是推出遊戲的手遊版跟街機版，設計上也以參與的代入參與、互動的連結、感覺的主動和真實的反饋作為訴求，二次元背景中將現實場景置入的行為也是利用感覺中的被動。虛實並存的演唱會、二次元現實代表、大使更是將虛實兩者之間的界線抹平。

把虛擬的角色投放到真實世界，也把真實世界投入到二次元中，讓人彷彿置身在角色生活的世界中，受眾們已經不再覺得 LoveLive! 僅是一個二次元產物，因為這個計畫的作法本身就是混合二次元和真實偶像的操作手法。結合了以往二次元偶像的數位操作和傳統偶像的締造，把兩個日本宅文化的精髓相合併，也許並沒有更多的新手法，但是在虛實之間給消費者補全了各種面向的體驗，這其實就是沉浸的一種表現了。

四項要素一應具全，然後再利用數位的能量聚攏更大的人氣，當現實與虛擬的界線模糊以後，讓人分不清虛實的交界點在哪裡，這就是沉浸最可怕的力量了。一旦你給了消費者一個沉浸的享受，這些美好經驗經由炫耀慾的渲染，消費者就會幫你主動進行社群操作，而這些社群操作就會變成自身的二次行銷了。

來自虛擬的現實

新科技總是讓人愛不釋手，像2010年的MINI Getaway Stockholm活動，就是一個應用定位進行的行銷操作，運用MINI上和消費者手上的定位，讓消費者跟贈品MINI大玩城市捉迷藏，由最終持有者獲得這項獎勵。把一個簡單的贈品遊戲經由人手一台的iPhone變成一個新科技的行銷活動。

活動很有趣，可惜的是社群操作卻有點能量不足，其Facebook專頁的貼文案讚數基本上都低於50個，YouTube上的影片也只有第一支到達23萬點閱，Twitter上沒有設立專屬的帳號，在MINI的官方帳戶中也僅有兩次的提及，三個社群之間也並沒有作串聯，也沒有利用社群進行擴散式的推廣。相信如果當時的社群熱度夠高，這個活動有可能變成年度活動（雖然每年送一台車的行銷預算恐怕有點高），但既然只做了一屆，恐怕是消費者的反應也有些不甚理想了。

另一方面，2016年同樣是應用新科技的寶可夢GO就顯得厲害多了。寶可夢GO自2016年7月上市以來，至今雖然已經退燒，但遊戲並沒有陣亡，即便累積20年的品牌能量給了它一個至高的崛起點，甚至在美國上市的第一天就將其推上下載平台的第一名，但是在這個遊戲週期不過短短幾周的時代來說，到了三年後的至今，仍然沒有完全消亡，他們做的行銷操作也是不容小覷的了。

虛擬實境 Augmented Reality——AR 的魅力就在於嫁接到現實世界上，寶可夢的成功，首先是這樣的遊戲模式完整的拴住了四要素的精隨，寶可夢 GO 的抓取和成長是參與中的代入操作和感覺的主動；打道館的部分是互動的合作；現實世界跟 AR 的銜接則是感覺的被動；虛虛實實的遊戲本身則是真實的融入。當每一項要素都達成的時候，不禁給人一種這個世界就是寶可夢世界的幻想。

產品本身就達成了沉浸效果，但除了應用 AR 技術的完美外，更厲害的是將虛擬應用回真實之中。以往我們熟知的數位廣告投入，都是藉由應用程式，做彈跳式、嵌入式的影像廣告，但是寶可夢 GO 結合 AR 技術產生出一種新的廣告形式——商鋪補給點。由商鋪進行贊助後成為遊戲中的補給點，把現實反向投放進遊戲中，讓玩家藉由遊戲走入真實的商鋪中。這樣的應用延伸，讓商家也會想方設法拉攏更多的玩家進入其中，一起進行這場雙贏的行銷遊戲。在這個過程中，玩家更容易透過打道館抓寶的經歷，走進現實商店中補給，融入整個寶可夢世界中，感受自己成為一個大師。

當然，只倚靠遊戲本身和外部力量是沒有辦法掌握整個行銷狀態的，在社群部分寶可夢 GO 自身也作了很多努力，寶可夢 GO 做的第一件事情就是開通所有社群平台帳號。有趣的是，寶可夢 GO 的 Facebook 粉絲專頁是跟著遊戲上架時間建立的，但 Twitter 帳號早在 2014 年 10 月就已經創辦，顯然在開發期間就已經有社群操作的預謀了。而 Instagram 帳號一直到 2017 年 5 月才開始刊登資料，顯然是發現使用者的社群焦點有所轉移，才開始跟進操作的。在 YouTube 上的互聯資訊，全部都有進行更新，把每一個社群平台的連結都掛回每一支影片上了。

寶可夢 GO 在每個平台間的操作也略有差異，整體原則上是偏向 Facebook，Facebook 上的貼文最完整，所有的圖、文、影音都可以在 Facebook 上看到，甚至為了增加觀看次數，有時候會舊圖換文的發布；Instagram 次之，大部分在 Facebook 上的貼文都可以在 Instagram 上找到，但小部分圖片布局不適合或舊圖換文的貼文就不會出現；Twitter 排在最後，大約在同步 Facebook 七成的比例；而 YouTube 則是完全當作影音放置平台來利用。

以議題來說，從地區限定寶可夢到依照時節出一些行銷命題，像是萬聖節限定寶可夢；利用專題的方式介紹寶可夢角色；和「健康」App 或 Android 手機「Google Fit」App 同步連動推出時時刻刻冒險模式；在商品上再推行專用設備；還有憑藉寶可夢 GO 的熱度推出真人版電影。

剛開始寶可夢 GO 的熱潮其實不是說前期炒作有多麼了不起，反而應該歸功於其 20 年的品牌經營，甚至其動畫至今仍在連載，是東京電視台最長壽的動畫作品。寶可夢本身的長壽，首先當然是角色跟故事設定的可愛，再然後就是作品的與時俱進和鋪天蓋地了，從紅白機到 3DS 再到現在的智慧型裝置上，從小玩具到專賣店，從電視作品到進軍院線。長期的全面鋪陳經驗，一環扣一環的作品，讓寶可夢 GO 踏在這樣的經驗上，利用各種議題使消費者跟著 AR 產品走出室內的遊戲體驗變成投入寶可夢世界的沉浸體驗。

由此可見，寶可夢 GO 的成功是來自多方面的。

1. 品牌經營 20 年屹立不倒，吸納品牌經驗成就全新產品。
2. 新科技的應用。
3. 自身社群應用完善，各方平台廣泛鋪陳，藉由議題持續發熱。

4. 借力使力，讓現實店家為自己加持。

這樣的沉浸遊戲體驗，切入外部的再行銷，能夠給寶可夢 GO 更多的外在客群，而不是僅限於既有的受眾，也就是説僅用數位本身只是一部份，另一部分可以藉由回歸到現實力量來轉換這種沉浸的能量，把沉浸體驗真正變成真實世界的一部分。

在這個數位時代裡，只依賴傳統行銷、甚至數位社群平台、廣告工具上已經是不足夠了，怎麼利用沉浸更廣泛、更全面的擴散品牌的資訊才是我們要考量和努力的方向。

進一步來説，如何利用這些數位技術將虛擬和現實或外部力量相掛勾、相聯結，讓現實也成為虛擬的一部份才是對新技術應用的考驗。

所謂的沉浸，就是讓消費者踏入品牌設計的世界，或者是把品牌的世界融入到消費者的世界中。不管是像迪士尼一樣，把人和場景做到圓滿；像 LoveLive! 一樣整合經驗把二次元和現實偶像的經營交錯融合；或是像寶可夢 GO 一樣運用新科技的體驗結合真實世界，在一個資訊越來越數位化，越來越虛擬的時代裡，讓感受變得更真實，將會是消費者的一種盼望，也會是未來行銷發展的一個趨勢所在。

N O T E S

【渠成文化】Brand Art 002

品牌翻轉與數位再造

作　　者　王福闓、薄懷武、陳玥岑、楊孟臻
圖書策劃　匠心文創
發 行 人　陳錦德
出版總監　柯延婷
編審校對　蔡青容
封面協力　L.MIU Design
內頁編排　邱惠儀
E-mail　cxwc0801@gmail.com
網　　址　https://www.facebook.com/CXWC0801
總 代 理　旭昇圖書有限公司
地　　址　新北市中和區中山路二段 352 號 2 樓
電　　話　02-2245-1480（代表號）
印　　製　鴻霖印刷傳媒股份有限公司
定　　價　新台幣 380 元
初版一刷　2020 年 6 月

ISBN 978-986-98565-3-9

國家圖書館出版品預行編目（CIP）資料

品牌翻轉與數位再造 / 王福闓、薄懷武、陳玥岑、楊孟臻著. -- 初版. -- 臺北市：匠心文化創意行銷, 2020. 06
　面；　公分. --（Brand Art ; 002）
ISBN 978-986-98565-3-9（平裝）

1.品牌 2.網路行銷

496.14　　109003663